佐藤芳彦

海外鉄道プロジェクト
―技術輸出の現状と課題―

交通研究協会発行
成山堂書店発売

交通ブックス
126

本書の内容の一部あるいは全部を無断で電子化を含む複写複製（コピー）及び他書への転載は，法律で認められた場合を除いて著作権者及び出版社の権利の侵害となります。成山堂書店は著作権者から上記に係る権利の管理について委託を受けていますので，その場合はあらかじめ成山堂書店（03-3357-5861）に許諾を求めてください。なお，代行業者等の第三者による電子データ化及び電子書籍化は，いかなる場合も認められません。

デリー・メトロ（インド）

高層ビルの立ち並ぶ新興都市グルガオン（デリー西約30km）はデリーとメトロで結ばれ、慢性的な道路交通の渋滞を緩和している。イエローライン・MGロード（2011年5月）【上】

デリーの交通事情を大きく変えたメトロ。ハヌマーンを祭るヒンズー教寺院へのアクセスにも貢献している。ブルーライン・ジャデワーン（2011年6月）【中】

日本のODAで建設されたデリーメトロ、開業時の車両は韓国製（電機品は日本）であり、技術移転契約によりその後の増備車はインド国内で生産されている。開業時は4両編成であったが、旅客増加により現在は6ないし8両編成となっている。レッドライン・シャーダラ駅（2008年1月）【下】

ジャカルタの都市鉄道網「KRL ジャボタベック」
（インドネシア）

ジャカルタ都心のターミナル・コタ駅に到着する 10 両編成の電車、元東急電鉄 8000 形。日本語が高級感のシンボルとなっているので、車内および行先表示は日本のまま（2010 年 2 月）【左上】

長距離列車のターミナル駅ガンビールのある中央線は日本の ODA で 1993 年に高架複線化がなされ、電化設備などは日本仕様。電車はインドネシア製（2010 年 2 月）【左中】

元東京都交通局 6000 形。冷房付列車（冷房料金加算）として好評。ボゴール駅（2010 年 2 月）【左下】

インドネシアに溶け込んだ元東急電鉄8000形。コタ駅（2010年2月）【右上】
電車線は日本の技術を採用。タナーアバン駅（2010年2月）【右中】

マニラ・ライトレール（フィリピン）
フィリピン・マニラ1号線で活躍する日本製電車（2005年6月）【右下】

オートバイで溢れるホーチミン市内、メトロは交通渋滞緩和および排ガス削減効果が期待されている【左上】
車両基地起工式（2008年2月）【左中】
高架橋の橋脚が立ち上がる、ホーチミン市郊外（2014年12月）【右上】

ホーチミン地下鉄（ベトナム）
ホーチミン市1号線都心部の地下区間の工事。トンネル開削のため目抜き通りのグエンフエ通りを通行止とする（2014年12月）【下】

はじめに

　経済成長のため、閉塞状況にある国内から海外に鉄道を輸出しようとの動きが活発である。政府機関、民間企業あげて取り組んでいる。

　その背景としては2つある。一つ目は、国内鉄道市場は小子高齢化で輸送量が減少傾向にあり、新幹線や大都市圏鉄道といえども先の見通しは明るくない。そのため、各鉄道事業者も経営合理化でスリム化を図っている。しかし、その一方、鉄道事業は就職先として魅力があったので、高学歴の専門家を含む多くの社員を抱えている。スリム化の過程でこれら専門家の処遇が問題となってきた。右肩上がりで輸送量も増加し、それぞれの分野の仕事も増加している時期に採用した社員を、輸送量の減少とそれに伴う業務量減を理由として、簡単に離職させることはできない。駅ナカビジネスなどの分野に振り向ける員数合わせは可能であろうが、専門家として蓄積してきた技術を活かすことはできなくなり、モティベーションの維持も難しくなる。もちろん、新たな職場で意欲を持って新境地を開拓できる人もいることは否定しない。しかし、高等教育機関を含めた社会的資産の有効活用の観点から見れば、マイナスであり、鉄道事業のパイを増やすために海外に進出することは意義がある。特に建設部門は、国内での新線建設の機会が少なくなり、海外の鉄道建設プロジェクトに活躍の場を見出すのは自然な成り行きであろう。もう一つの観点は、海外鉄道プロジェクトを専門技術の教育の場として活用することである。すなわち、日本国内では、新線建設のようなプロジェクトは限られており、設計や建設工事の実務を経験することができないので、専門技術を磨くこともままならなくなっている。そのため、海外で新線建設などのプロジェクトを経験させることによって得た知識および経験を日本国内で活かすことである。

　二つ目は、産業規模の問題である。鉄道を支える産業としては、

建設、電力、信号、通信、車両等の分野があり、それらはさらに細分化され、多くの企業が存在している。企業の存立を支えるには、それなりの市場規模が必要である。建設、電力や通信部門は鉄道以外の分野も含めた市場で競争できるが、車両は鉄道に特化した部分が多く、他の分野への進出は難しいと言える。例えば、国内に鉄道車両メーカーは、川崎重工業、日本車輌、近畿車輛、日立製作所、日本車輌製作所、総合車両製作所、新潟トランシスおよびアルナ車両の8社あるが、全体の売上高は3,000億円に満たない。この他に、鉄道車両用機器や部品を供給するメーカーがある。これらのなかで鉄道専業といえるのは近畿車輛と総合車両製作所のみであり、新潟トランシスおよびアルナ車両は小規模の企業である。他は大きな企業の事業部門となっており、それぞれの企業の売上の数%以下であり、鉄道を看板としつつも主力商品とは言えない。かかる状況では、国内鉄道事業の縮小は企業売り上げの縮小につながり、企業存続のためには海外への売込が必須となっている。

　以上の背景と合わせ、日本のODA案件のうち鉄道の割合が高まっていることもあって、日本企業の海外鉄道プロジェクトへの参加が加速されている。しかしながら、十分な準備をしないで参加したことによる弊害も目立っている。特に大きいのは商慣行の違いである。日本国内では発注者である鉄道事業者あるいは鉄道建設運輸整備支援機構がシステム設計を行い、サブシステムあるいは機器を発注し、施工監理は発注者が行う形態となっている。一方、海外鉄道プロジェクトでは、システムまるごとを発注し、主契約者がシステム設計および施工監理を行う。詳しくは後述するが、日本国内では受け身の立場であった契約者は、海外プロジェクトでは主たる役割を果たすことが求められる。このように期待される役割が大きく異なる。また、数千ページに渡る契約書を交わし、何事も契約書に基づいた文書によるコミュニケーションとなるのも日本国内とは大きく異なる。こられにより海外プロジェクトにおいて発注者との意思疎通に問題を生じることとなる。

また、ODA案件の取り組みに際して留意しなければならないのは、借款の原資は日本国民の税金であり、借り入れる国にとってもいずれは返さなければならない借金であることである。したがって、コストが適正であること、コスト内訳の説明責任が要求される。ODA案件に従事するコンサルタントあるいは契約者はそれを常に念頭に置いて、仕事を進めなければならない。第三者による評価あるいは相手国の会計検査院のような機関による監査があり、場合によっては、刑事上の責任を問われることにもなる。

　以上述べたように、国内と海外とでビジネス環境が大きく異なっていることである。要求されるスキルも異なる。また、日本企業同士の競争ではなく、海外企業との競争であるので、様々な事態に対応する必要もある。これらの課題を認識しないで、海外に飛び出すとやけどを負うことになり、相手国からの信用も損なうことになる。

　本書では、海外案件における具体的な課題と対策について述べ、日本の企業の海外進出の参考に供したい。

佐藤芳彦

目　　次

はじめに

第1章　鉄道整備のファイナンス …………………………… 1

1.1　鉄道案件の特徴 …………………………………………… 1
1.2　資金調達 …………………………………………………… 2
1.3　OECDの役割 ……………………………………………… 3
1.4　開発援助国に対する資金の流れ ………………………… 3
1.5　政府開発援助（ODA） …………………………………… 4
1.6　ODAの案件形成から実施まで …………………………… 4
1.7　本邦技術活用（STEP）案件 ……………………………… 5

第2章　海外案件とコンサルタント …………………………… 9

2.1　コンサルタントの役割 …………………………………… 9
2.2　コンサルタントに要求される能力 …………………… 14

第3章　海外案件の流れ（事前調査から実施契約まで） … 16

3.1　フィージビリティ調査 ………………………………… 16
3.2　入札準備 ………………………………………………… 20
3.3　入札公示から入札まで ………………………………… 35
3.4　入札書の評価 …………………………………………… 35
3.5　契約交渉 ………………………………………………… 36
3.6　海外案件の発注形態 …………………………………… 37
3.7　海外案件と日本国内案件の発注図書の違い ………… 40

第4章　海外案件の流れ（発注から完成まで） …………… 42

4.1　プロジェクトの実行体制 ……………………………… 42
4.2　発注者、代理人および請負者の関係 ………………… 43

	4.3	発注から完成までの業務 …………………………………… 44
	4.4	一般文書 ………………………………………………………… 44
	4.5	初期設計書（Inception Design）……………………………… 59
	4.6	詳細設計書（Technical Design）……………………………… 60
	4.7	施工設計（Construction/Installation Design）…………… 68
	4.8	竣工図書（As-Built Documents）…………………………… 68
	4.9	検査および試験（Testing and Commissioning）…………… 70
	4.10	安全認証 ………………………………………………………… 70
	4.11	教育訓練 ………………………………………………………… 71
	4.12	試行（Trial Runs）……………………………………………… 71

第5章　技術基準 …………………………………………………………… 72

- 5.1　軌間と通行方向 ……………………………………………………… 72
- 5.2　車両限界と建築限界 ………………………………………………… 74
- 5.3　軌道中心間隔と施工基面幅 ………………………………………… 81
- 5.4　勾配と曲線 …………………………………………………………… 81
- 5.5　軸重 …………………………………………………………………… 82
- 5.6　電気方式 ……………………………………………………………… 83

第6章　日本の鉄道技術と国際規格 …………………………………… 84

- 6.1　なぜ国際規格か ……………………………………………………… 84
- 6.2　規格と技術規制 ……………………………………………………… 85
- 6.3　ヨーロッパ規格とJIS ……………………………………………… 87
- 6.4　JISの課題 …………………………………………………………… 89
- 6.5　ODAの現場で ……………………………………………………… 91

第7章　輸送計画 ………………………………………………………… 94

- 7.1　既存の地下鉄の事例 ………………………………………………… 94
- 7.2　需要想定と輸送計画 ………………………………………………… 95
- 7.3　列車編成と性能 ……………………………………………………… 104

7.4　設備故障時の対応 …………………………………… *113*

7.5　電車の留置スペース …………………………………… *122*

7.6　有人運転と無人運転 …………………………………… *122*

第8章　技術上の課題 …………………………………… *135*

8.1　軌道 …………………………………………………… *135*

8.2　車両 …………………………………………………… *149*

8.3　き電方式 ……………………………………………… *161*

8.4　信号および列車運行管理 …………………………… *173*

8.5　通信 …………………………………………………… *179*

8.6　自動出改札 …………………………………………… *180*

8.7　その他設備 …………………………………………… *186*

第9章　車両保守と車両基地 …………………………… *191*

9.1　車両検査計画 ………………………………………… *191*

9.2　日本の車両保守システム …………………………… *197*

9.3　車両保守に係わる新技術 …………………………… *207*

9.4　車両基地 ……………………………………………… *209*

9.5　予備車および予備品 ………………………………… *222*

9.6　車両保守管理システム ……………………………… *223*

9.7　日本の鉄道車両保守技術の展開 …………………… *223*

第10章　鉄道施設の保守と保守用設備 ………………… *227*

10.1　鉄道施設の保守体系 ………………………………… *227*

10.2　軌道保守 ……………………………………………… *228*

10.3　電力設備および配電線保守 ………………………… *230*

10.4　電車線保守 …………………………………………… *231*

10.5　信号設備保守 ………………………………………… *232*

10.6　通信設備保守 ………………………………………… *232*

10.7　その他設備保守 ……………………………………… *233*

10.8　保守基地 …………………………………………………… *233*

第11章　安全認証 ……………………………………………………… *235*

参考資料1　鉄道市場拡大の背景 …………………………………… *236*
参考資料2-1　　鉄道関連　IEC 規格一覧表 …………………… *247*
参考資料2-2　　鉄道関連　ISO 規格一覧表 …………………… *258*

あとがき ………………………………………………………………… *261*
索　　引 ………………………………………………………………… *263*

第1章　鉄道整備のファイナンス

1.1　鉄道案件の特徴

　鉄道は土木、電力、信号、通信および車両等の総合システムであり、鉄道新設、改良には莫大な投資が必要であるとともに、運営や保守経費もかかる。都市鉄道建設費として20km複線電化（車両、車両基地および付帯設備を含み。用地買収を除く）で2,000億円以上の例もある。1km当たり百億円以上である。

　それをまかなうのは運賃収入である。かつての鉄道のように独占的地位を占めていれば高い運賃水準を設定できるが、他の交通機関の発達した現在では競争的運賃とせざるを得ない。高速旅客鉄道においては航空機、高速道路との競争運賃、貨物鉄道においては内航

日本のODAの成功例デリーメトロ：都心部は地下鉄、郊外部は高架で建設され、インドの首都デリーの交通渋滞緩和に寄与した。残念ながら車両は韓国製（電機品は日本製）であり、日本の技術が目に見える形で具体化されていない。

海運、道路輸送との競争運賃とする必要がある。都市鉄道においては、競争条件の他に、交通政策、社会的ミニマムの運賃を考慮しなければならない。

高速旅客鉄道と貨物鉄道は一定以上の需要が見込めれば、運賃収入のみで鉄道の運営費、保守費および償却費の回収が可能である。しかしながら、都市鉄道では政策的に運賃水準を低く設定することが多いので、運賃収入のみで投資を回収することは困難といえる。したがって、鉄道インフラは公的資金で建設し、運賃で運営・保守費を回収する方策も考えられ、場合によっては、運営費にも公的補助が必要となる。ちなみに、ヨーロッパの都市鉄道では運営費の40%を公的補助としている例もある。

1.2 資金調達

前述のような巨額の資金を如何に調達するかが課題である。

先進国は自国内での資金調達が基本であるが、巨額の資金が必要であり、回収までに数十年のスパンでの時間がかかることから、純粋に民間のみによる資本調達は困難となっている。したがって、税金や公債による公的資金が欠かせなくなっている。しかしながら、公的資金の調達もままならないので、官民パートナーシップ（PPP）による資金調達のスキームも考えられている。

発展途上国については、さらに条件が厳しくなり、経済基盤整備、成長促進のため、ドナーからの融資を仰がなければならない。ドナーとしては、国連機関、世界銀行、アジア開発銀行、JICA等がある。これらの融資は、経済協力開発機構（OECD）の統制下にある。OECDについては、後述する。

貨物輸送は社会経済インフラとして経済成長に寄与することが期待される場合を除いて、資源開発等と関連しており、資源開発に係わる企業からの拠出が期待でき、黒字が見込めることから、基本的にはドナーからの融資はない。

1.3 OECDの役割

OECD は、Organisation for Economic Co-operation and Development の略であり、米国のマーシャル計画によるヨーロッパ復興をルーツとして、経済成長、貿易自由化、途上国支援を目的として、1961年発足した。原加盟国はそれを反映している。現在では34カ国が加盟している[*1]。

原加盟国は、オーストリア、ベルギー、カナダ、デンマーク、フランス、ドイツ、ギリシャ、アイスランド、アイルランド、イタリア、ルクセンブルグ、オランダ、ノルウェー、ポルトガル、スペイン、スウェーデン、スイス、トルコ、英国、米国の20カ国である。その後に、日本、フィンランド、オーストラリア、ニュージーランド、メキシコ、チェコ、ハンガリー、ポーランド、韓国、スロバキア、チリ、スロベニア、イスラエル、エストニアの14カ国が加盟している。

OECD の中に、開発援助委員会（DAC:Development Assistance Committee）があり、23カ国（EUは1カ国と取扱）が加盟し、対途上国援助の量的拡大と効率化、加盟国の経済援助の量と質について定期的な相互検討、贈与もしくは有利な条件での借款の形態による援助拡充、経済成長、貿易自由化、途上国支援を目的として活動している。

1.4 開発援助国に対する資金の流れ

開発援助国に対する資金は、DAC の分類によれば、
1）政府開発援助（ODA:Official Development Assistance）
2）その他の政府資金（OOF:Other Official Flow）
3）民間資金（PF:Private Flow）
となっている。

[*1] OECD ホームページ www.oecd.org/tokyo

表1-1　DAC加盟国援助上位10カ国の実績[2]（2012年、総額138,072百万USD）

順位	国名	総支出額（百万USD）	構成比（%）
1	米国	31,036	22.5
2	日本	18,662	13.5
3	ドイツ	14,753	10.7
4	英国	14,162	10.3
5	フランス	13,000	9.4
6	カナダ	5,727	4.1
7	オランダ	5,626	4.1
8	オーストラリア	5,440	3.9
9	スウェーデン	5,246	3.8
10	ノルウェー	4,754	3.4

USD：米国ドル、GNI：国民総所得（Gross National Income）

1.5　政府開発援助（ODA）

日本の政府開発援助のうち33.4％は国際機関経由の援助であり、そのうち8億USDは国連等国際機関への贈与、28.9億USDは世界銀行等国際機関への出資となっている[3]。

国際機関として、世界銀行（WB）、アジア開発銀行（ADB）、アフリカ開発銀行（AfDB）、ヨーロッパ復興開発銀行（EBRD）等がある。

日本の援助は、国際協力機構（JICA）による援助と国際協力銀行（JBIC）を通じた金融の2つがある。

1.6　ODAの案件形成から実施まで

日本の政府援助の仕組みについて述べる。独立行政法人国際協力機構JICA[4]が採用している手順は図1-1に示すとおりである。

---

[2]　DAC統計、政府開発援助白書から再転載
[3]　政府開発援助白書2013年版、外務省

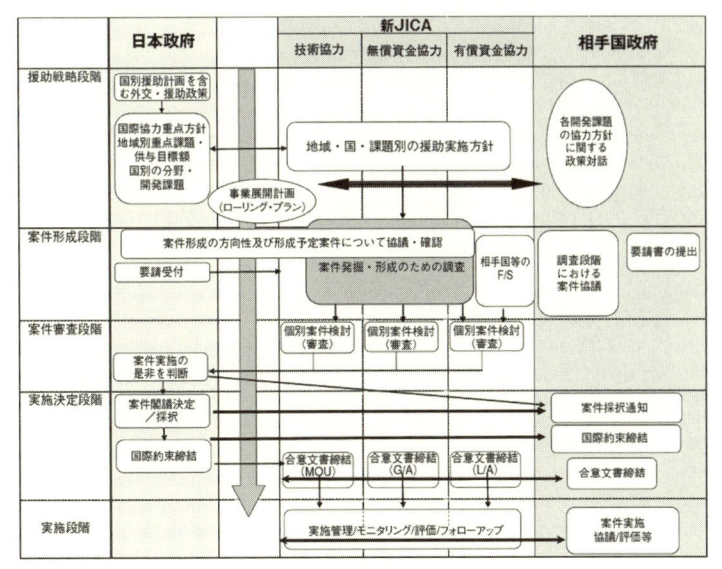

図1-1 JICAによる国際援助の仕組み

日本国政府による外交・援助政策に基づいて相手国政府との交渉を経て、案件形成、案件審査、実施決定の各段階を経て、実施に至る。案件形成段階から実施に至るまでに数年、実施段階でも数年を要する息の長い事業である。

1.7 本邦技術活用（STEP）案件

タイのバンコク都市鉄道プロジェクトで日本政府の援助により建設されたにもかかわらず、ヨーロッパメーカーが受注し、日本企業の存在感が薄れてきたことに対し、タイドローンによる日本製品購入の義務付けを行う制度が2002年7月から導入された[5]。本邦技

---

* 4 JICAホームページ www.jica.go.jp
* 5 JICA資料

タイ・バンコク MRT（地下鉄）チャトチャックパーク駅：日本の ODA で地下鉄が建設されたが、残念ながら日本の技術により建設された事実が目に見える形となっていない。

術活用案件（Special Terms for Economic Partnership、STEP）である。融資対象の本体契約金額の30％以上の日本製品購入を条件としている。日本製品にサービスを含むこともある。一般融資が金利1.40〜1.70％、償還期間25〜40年、据置期間7〜10年であるのに対し、STEPでは、基準金利0.10％、償還期間40年と優遇されている。

　途上国側から見ればこの優遇措置は魅力的であり、最近の多くの鉄道案件がこの制度を活用している。しかしながら、応札者が日本企業に限られることから、被援助国から見れば、割高なものを購入させられている、リスクを恐れて日本企業が応札したがらない、日本企業が応札しても下請けに外国企業を使うなどの不満がある。日本製品は高品質なので高くても買ってくれるという日本企業側の思い込みは危険である。STEPであっても、被援助国が借金の返済をしなければならないのは紛れもない事実である。できるだけ安く、かつ品質の高いものを購入したいというのは当然の要求であろう。また、相手国には日本企業だけではなく、欧米、中国や韓国の政府

や企業も接触しており、それぞれの思惑で情報を提供している。彼らの情報と日本企業の提供する情報を比較してもどのようなものを導入するのが最善かを相手国担当者も考えている。他国のシステムとの比較、日本製品の優位性、コストパフォーマンスをどのように説明するかも日本企業の力の見せ所である。しかし、残念ながら、相手国担当者に適時適切に説明できる実力のある企業や個人は少ない。

日本企業の力不足の問題は、受注企業のみならず、発注者側に立つコンサルタントも同様である。海外進出を促進すべしとの掛け声だけでは

タイ・バンコクMRT（地下鉄）チャトチャックパーク駅地下通路のプレート：「この碑板は、MRTチャラームラチャモンコン線の建設に関し、日本国政府が国際協力銀行を通じてタイ高速度交通公社に行った資金協力に対する感謝の意を表して設置されました。」とタイ語、日本語および英語で書かれている。

タイ・バンコクMRT（地下鉄）の車両とプラットホームスクリーンドア：冷房付の快適な地下鉄は深刻な道路渋滞を緩和した。

解決しない。両者の力を付けていくために、人材育成、組織のあり方、入札図書の理解度向上、提案能力向上を如何に進めるかが課題であり、ひとつひとつの問題を具体的に解決していく必要がある。

第2章　海外案件とコンサルタント

2.1　コンサルタントの役割

　海外案件は案件形成から入札、設計、施工、完成検査および保守の各段階で高度の専門知識を有するコンサルタントが関与している。

　案件形成から発注者のサポートに係わる上流、応札者（受注者）のサポートに係わる中流、運営・保守に係わる下流の3つの段階において、コンサルタントはそれぞれ重要な役割を果たしている。ここで留意しなければならないのは、利害相反（コンフリクトオブインタレスト）の問題である。すなわち、上流段階に従事したコンサルタントは、中流あるいは下流段階の業務には従事できない。発注者の側に立って仕事をし、発注者の内部情報にも通じたコンサルタントが同じプロジェクトの受注側コンサルタントにはなることはできない。利害相反の問題はコンサルタントの契約条件にも明記される。したがって、一つのコンサルタント会社が、上流から下流まで全ての業務を受注することはできない。また、コンサルタント会社の親会社が工事の施工や車両の製造に係わる会社を子会社として保有している場合にも、利害相反で当該コンサルタント会社が発注側業務を受注している場合には、子会社は応札者とはなることはできない。仮に親会社のコンサルタント会社の持ち株比率が少なく、影響力が薄いと思われる場合であっても、競争相手からの告発があれば、発注者も無視できなくなる。

　上流段階では、相手国あるいはドナー国がコンサルタントを雇用して、案件形成のためのフィージビリティ調査、実施段階での発注者のサポートを行わせている。コンサルタントの主な業務と課題は表2-1に示すとおりである。

　上流段階の業務を一括して行うジェネラルコンサルタント（GC, General Consultants）の組織の例を図2-1に示す。

表 2-1　上流段階におけるコンサルタント業務

業務	業務内容	課題
フィージビリティ（事前）調査	プロジェクト計画決定のための調査	システム全体の把握
ES（基本設計）	フィージビリティ調査に基づき発注者および関係者と協議し、基本設計を行い、コストを試算する	海外と日本の技術比較、国際規格等の知識による最適技術選定
ES（入札図書作成）	基本設計、入札方法に沿った入札図書作成	国際契約約款（FIDIC）の知悉、仕様書作成
ES（入札補助）	入札評価、契約交渉において発注者をサポート	公正な評価、発注者とのコミュニケーション
設計、施工監理	設計、製作、施工、試験、受入検査、運営・保守について発注者のサポートもしくは代行	相手国技術者の養成

（注）ES：Engineering Service、FIDICについては3.2.2を参照

　この例では、軌道をシステムに含めているが、土木構造物と軌道とのインターフェースを考慮すると、軌道は土木・建築パッケージに含めることが望ましいともいえる。すなわち、ロングレールを採用する場合には、温度変化に伴いロングレールに働く伸縮応力が高架橋の桁や橋脚の強度設計に影響し、コンクリート軌道を高架橋桁やトンネルスラブコンクリートに固定するためのスターターバーの設計や施工は軌道と土木それぞれが共同で実施する必要がある。このように、軌道は土木と密接な関係があるので、同じ契約パッケージで設計・施工を行うことが最適解につながる。

　図2-1の組織の要員構成は、ES、設計および施工の各段階で業務の性格や業務量に応じて弾力的に変える必要がある。

　プロジェクトマネジャー1の下にある「防災計画G」は他のプロジェクトマネジャーと共同して、プロジェクト全体の防災計画を取りまとめる。トンネル、地下駅の防災が特に重要であり、日本の法令に準拠したものとするか、米国規格に準拠したものとするかによ

```
                    ┌─────────────────────────┐
                    │ プロジェクトダイレクター (PD) │
                    └─────────────────────────┘
```

図2-1　GCの組織例

り、土木・建築の設計条件が大きく変わる。

プロジェクトマネジャー1および2の下にある「E & M 設計施工監理 G」は駅およびトンネルの換気、空調、排水、エレベーター、エスカレーターなどを担当する。後述の鉄道施設の E & M とは異なる。

プロジェクトマネジャー3の下にある。「運行保守計画 G」はプロジェクト全体のシステム構成に係わり、PM システムだけではなく、他のプロジェクトマネジャーの土木、建築および E & M グループとも共同して、需要想定および輸送計画またはシステム運営計画からシステムの仕様を具体化する。

中流段階では、応札者（受注者）がそれぞれのコンサルタントを雇用して、有利な入札提案書を作成する。コンサルタントの主な業務と課題は表2-2に示すとおりである。ただし、コンサルタント

表2-2 中流段階におけるコンサルタント業務

業務	業務内容	課題
入札提案書作成	入札図書に対応した設計、コスト見積、リスク把握、技術提案書作成	システムインテグレーション能力
契約交渉	発注者との契約交渉および確認	契約書および法令の知悉ならびにクレーム処理
設計・製作	設計、設計承認、製作・工程管理、品質管理、リスク管理、ドキュメント管理	国際契約約款（FIDIC）の知悉、仕様書の正確な理解、適切なクレーム処理
施工	施工設計、施工技術管理、工程管理、コスト管理、ドキュメント管理、品質管理、安全管理	品質管理要求および施工監理の知悉、品質管理体制、安全管理体制の整備、現地施工業者の管理、コミュニケーション能力
教育訓練、TOT	マニュアル作成、教育訓練	技術者の養成、TOT の範囲とパートナー企業との連携
完成検査	竣工検査、安全承認	公的機関との連携

(注) TOT: Transfer of Technology（技術移転）

を雇用しないで、応札者自身が提案書の作成を行うこともある。土木・建築の分野では設計と施工が分離しているので、設計のためのコンサルタントあるいは下請け業者を雇用する。さらに、設計内容が、適正が否かを第三者に検証させることもある。しかしながら、車両やE&M（Electrical & Mechanical、電力、信号、通信などの鉄道施設）では設計のためのコンサルタントを発注するという慣行が無く、応札者（往々にして車両メーカーなどを含む）が設計を行う。すなわち、土木・建築業界のように設計費が独立した経費として認められているのとは対照的に、車両やE&Mでは設計費は最終製品価格に含まれており、独立した経費とはなっていない。

　下流段階では、応札者（受注者）が運営・保守業務の受注活動を行う。運営・保守業務は建設工事と性格を異にしており、鉄道事業者としてのノウハウが必要となるので、応札者が中流段階の受注者とは異なることもある。労働ビザの問題もあり、現地採用の要員による作業が多く含まれるので、現地の事情に精通しているコンサルタントを雇用してその業務の一部を委託することもある。主な業務と課題は表2-3に示すとおりである。

表2-3　下流段階におけるコンサルタント業務

業務	業務内容	課題
運営・保守計画提案	入札図書に対応した運営・保守計画提案書作成	日本のみならず海外での業務経験
運営・保守組織設立	階層別要員の技術技能の要求水準作成、要員採用、教育、訓練および評価	マニュアル整備、相手国の労働慣行および基準、信頼できるパートナーの選定
運営・保守	現地採用社員による運営・保守実施、監理、技術移転	作業員とのコミュニケーション能力
品質管理	要求された故障率、アベイラビリティの達成、適切な部品供給	発注者、作業員とのコミュニケーション能力、適切なクレーム処理
コスト管理	人件費、動力費、材料費および租税公課等の管理	同上

2.2 コンサルタントに要求される能力

　コンサルタントはドナー国のコンサルタントから選定される。円借款であれば、日系コンサルタントが発注者に雇用され、サポートを行うとともに、JICA等との連絡調整も行う。しかしながら、コンサルタント内の個々のメンバーが全て日本人であることは稀である。何故ならば、コンサルタント業務は英語を基本としており、個々のメンバーは英語能力のみならず担当分野での幅広い経験・知識と実務能力を持つ必要がある。実は、英語も幅広い専門知識の両方を兼ね備えた日本人技術者は非常に稀である。

　コンサルタントメンバーの資格要件には3つの壁がある。

　一つ目は、英語能力であり、TOEICやTOEFLEの試験成績が要求される。しかも試験成績の証明書は直近5年以内などの制約があり、大昔の成績証明だけで仕事ができるほど甘くはない。しかし、英語は学習すればある程度はカバーできる。最悪の場合には、経費を持ち出しで通訳を付けることもある。

　二つ目は、学歴の問題である。4年制大学卒以上の資格要件が設けられることが多いので、高卒や高専卒はいくら実力があってもその段階ではねられる。日本企業の一般的傾向として、実務に精通しているのは高卒あるいは高専卒が多く、大卒は早い段階から管理業務に従事しているので、実務に精通しているものは少ない。ここに大きな課題がある。高卒あるいは高専卒の実力者は技術士[*1]あるいは鉄道設計技師[*2]などの公的資格を取得し、4年制大学卒と同等以上の技術能力を有することを証明することが望ましい。英国国鉄出身のコンサルタントにも高卒で英国鉄道の技能養成所に入学して、

[*1]　技術士は、技術士法（昭和58年4月27日法律第25号）に基づく日本の国家資格である。

[*2]　鉄道営業法に基づく、国土交通大臣の登録を受けた、わが国で唯一の鉄道技術に関する登録試験で、鉄道施設及び車両に関する鉄道技術者の設計技術力の向上を図るために行われている。鉄道土木、鉄道電気、鉄道車両の受験区分があり、合格者は登録手続後、鉄道設計技士と認定される。

鉄道に必要な技術を習得したものが多い。彼らも同様の課題を抱え、専門課程履修証明などで技術能力を証明しているケースが多い。

三つ目は、専門能力の幅である。確かに、JRや公民鉄に大勢の技術者がいるが、大きな組織では業務分野が細分化し、一人で全体を見る能力に乏しい技術者が散見される。例えば、「変電所から配電、電車線まで電力全般を見てほしいと言っても、変電しかやっていないので他は出来ない」、「無線を使った信号システムについて提案してほしいと言っても、やったことがないから出来ない」というように断られると、同じ強電や信号の分野で何故幅を広げられないのかと疑問がわく。正直といえば正直であり、自分の責任範囲外には口を出さないという姿勢は、日本国内の大企業では通用するであろうが、海外プロジェクトではマイナスである。欧米人担当者1人で済むところを日本人担当者では3人も4人もかけなければならなくなり、非効率も甚だしい。コンサルタントの経費は、一般的には投入する人・月（MM、Man Month）に単価（Billing rate）を掛けて算出され、契約金額が決まるので、MMが当初見込みよりも増えれば受注したコンサルタントの持ち出しとなる。したがって、一人で、専門分野をカバーし、周辺技術でも他の専門家と渡り合える能力が求められる。

以上述べた3つの壁から、日本の鉄道事業者出身技術者は自らの活動範囲を狭めており、コンサルタント内に欧米人、香港人等のメンバーが多く含まれる結果となっている。欧米人や香港人に馴染みのあるのは、ヨーロッパ規格（EN）であり、米国規格（IEEE）である。日本人技術者は日本の技術を反映しようとすれば、JISを主体とした仕様書作成に彼らの協力を得る必要がある。もちろん日系企業がコンサル業務を行うので、その一員である彼らも日本の技術をベースとした仕様書作成に協力はする。しかし、理解が得られない場合には、ENやIEEEを取り入れた仕様書を作成することとなる。

第3章　海外案件の流れ(事前調査から実施契約まで)

3.1　フィージビリティ調査

　案件形成のため、フィージビリティ調査が行われる。フィージビリティ調査は相手国またはドナー側が雇用したコンサルタントが担当し、需要想定、路線選定、輸送システム選定、概略設計、コスト見積、収支計画、財務評価を行う。フィージビリティ調査報告書を基に、プロジェクトへの投資が適切か否か判断され、その結果に基づいて、相手国とドナー間の協議により、借款協定が結ばれる。

　需要想定は、想定した路線沿線の産業あるいは住居の集積、関連する他のプロジェクト計画、所得増加想定、運賃水準による交通手段選択動向等の要素からシミュレーションによって、鉄道開業時点、開業後十年刻みなどの時間軸で鉄道利用人員を推定する。同時に想定した運賃水準に基づく収支計画を策定する。需要想定は鉄道施設および車両の設計基礎となる。

　路線選定は、産業あるいは住居の集積状況、用地買収の難易、建設の容易さ、将来の開発可能性などを考慮して行われる。一般的には、既存の市街地通過には住民移転などの困難を伴うので、広い道路の上下空間を使うことが多い。郊外部は東急電鉄の田園都市線などのように将来の開発計画を考慮して、農地や未利用地の多い地区を選定することもある。この場合、駅広場の設置や他の交通機関との結節点を設けることが比較的容易である。また、車両基地のような広い土地が取得可能か否かも大きな要素となる。いずれの国においても、住民移転は大きな問題であり、時間とコストがかかるので、路線選定がプロジェクトの工期と収支に直結する。

　輸送システムとして、輸送力の小さいものからLRT、新交通システム、モノレール、ゴムタイヤ式都市交通システム、普通鉄道がある。これらのうちから輸送需要に適したものを選定する。

第3章 海外案件の流れ（事前調査から実施契約まで）　17

LRTの例：富山ライトレール、低床式車両を使用し路面からのアクセスを容易にし、市内と郊外を結ぶ。郊外部は鉄道線路をLRTに転用。2両編成ワンマン運転、定員80人、最高速度60km/h、混雑時は毎時6本、デイタイムは毎時4本の運転

　たとえば、ゴムタイヤ式は急勾配が可能であり、鉄軌条鉄車輪の普通鉄道に比べて路線選定の自由度が大きい。しかしながら、ゴムタイヤの耐荷重の制約から、1両当たりの最大乗車人員に制約がある。

　新交通を含めゴムタイヤ式では無人運転がよく行われているが、普通鉄道でも無人運転の例があるので、ゴムタイヤ式が無人運転の条件とは限らない。詳しくは第7章に述べる。

　概略設計は、駅の配置、単線・複線の別、通行方向、軌間、電気方式、車両の大きさ・編成両数、信号・通信システム、車両基地等の基本事項を先に決定する。調査従事者が相手国の発注予定者（施主）あるいは政府機関に基本事項についていくつかの案を提示し、最適と思われるものについて合意を得る。この場合、既存の鉄道との関連も調整する。直通運転を行うのか、独立した線路とするのか、

新交通システムの例：日暮里舎人ライナー、ゴムタイヤ式小型車両5両編成、無人運転、最高速度60km/h、混雑時は毎時16本、デイタイムは毎時10本の運転

モノレールの例：多摩都市モノレール、ゴムタイヤ式車両4両編成ワンマン運転、定員415人、最高速度65km/h、混雑時は毎時9本、デイタイムは毎時6本の運転

第 3 章　海外案件の流れ（事前調査から実施契約まで）　　19

ゴムタイヤ式都市鉄道の例：台北中量軌道（フランスの VAL システム）、ゴムタイヤ式車両 4 両編成無人運転、定員415人、最高速度70km/h、3〜7分間隔運転

普通鉄道の例：つくばエクスプレス、1,067mm 軌間、6 両編成ワンマン運転、定員926人、最高速度130km/h、混雑時は毎時21本、デイタイムは毎時10本の運転

車両基地は共用するのかなども重要な課題である。直通運転を行うのであれば、通行方向、軌間や車両の大きさはおのずと決まる。直通運転を行わなければ、設計の自由度は増す。軌間、電気方式、車両の大きさ、信号・通信システムは、他の鉄道で採用されているものを基本とすることが望ましく、設計基準策定、建設コスト低減、保守部品入手でメリットが大きい。

コスト見積は、詳細設計の前段階であり、同種プロジェクトのコストデータを基に積算することになるので、高い精度は期待できない。経済評価と合わせ、予算枠を決めることが主目的となる。したがって、概略設計では十分にカバーできない要素も含めて、若干の余裕を見込んだコスト積算となる。次の段階の基本設計でコスト見積の精度が上がる。運営・保守費も他の事例や経験値から見積もる。多くの場合、用地買収はODAの融資対象外なので、用地買収費を含めないことが多い。

需要予測と運賃水準から開業後の年毎の収入を見積、上記のコスト見積（償却費と運営・保守費）と合わせて開業後30年間の収支計画を策定する。それに対し、建設費の投資利益率等の経済評価指標を計算し、プロジェクト投資が妥当なものであるか否かを評価する。その結果次第で、プロジェクトを実施しないこともある。新線建設による経済効果も評価の中に入れることもある。

この他に、環境影響評価も行われる。沿線に環境保護地区や、寺院、病院、学校等があれば、路線ルートの変更も必要となる。

3.2　入札準備

フィージビリティ調査の結果、借款協定が締結され、プロジェクトのゴーサインが出されれば、相手国側はプロジェクトの各段階で発注者をサポートするコンサルタントを雇用する。入札準備、入札支援、設計監理、施工監理、受取試験および検査、完成後の保守支援の各業務に個別のコンサルタントを雇用するケースと、全ての業務を行うジェネラルコンサルタント（GC）を雇用するケースがある。

いずれの場合でも、発注者は TOR (Terms of Reference) により、コンサルタントの業務内容を規定する。

コンサルタントは、プロジェクトマネジャー、契約担当、工程担当、各技術担当から構成される。どれだけの要員を配置するかは、プロジェクトの規模による。国際入札あるいは ODA 案件の入札図書は英語で作成されるので、コンサルタントの要員選定に際し、学歴および技術経験の他に英語能力を証明する資料が要求される。

基本設計および入札準備に係わる業務のフローを図3-1に示す。時間軸記載の時間は一つの例であり、プロジェクトにより異なるとともに、発注者の意思決定の時間にも左右されることをお断りしておく。個々の業務内容は次のとおりである。

3.2.1 事前審査基準の作成

国際競争入札の場合、文書化された事前資格審査 (Pre Qualification, P/Q) 基準をプロジェクトの概要と合わせて公示し、応札希望者から規定の様式による資料を提出させ、それを審査して応札候補者を篩にかける。P/Q 基準としては、財務状態、過去の納入実績、失格条件（指名停止等）のないことなどがあり、プロジェクトの内容と発注者の要望により決められる。公開入札であることから、不公正とのそしりを招かないものが求められる。また、応札者が1社ではなく、複数社の合弁事業 (JV、Joint Venture) となることも想定して、JV 各社の役割分担、それぞれの納入実績等も要求される。

P/Q に代えて、入札時資格審査 (Post Qualification) として、応札時に資格審査を行うこともある。

3.2.2 契約約款

プロジェクトの実施にあたって契約約款をどのようなものにするかが最初の課題である。日本国内の建設工事については国土交通省が建設工事標準請負契約約款を定めているので、それに基づいて契約を行っている。その意義及び目的について少し長くなるが国土交

22

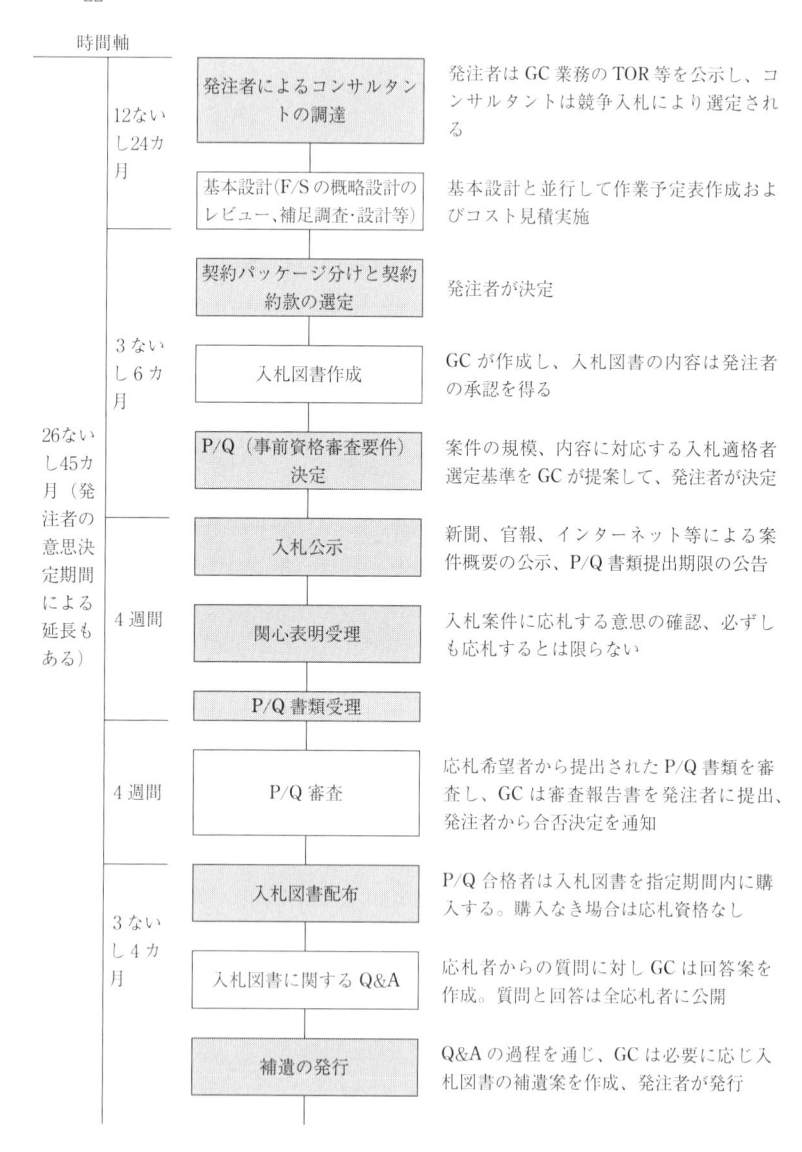

時間軸			
	12ないし24カ月	発注者によるコンサルタントの調達	発注者はGC業務のTOR等を公示し、コンサルタントは競争入札により選定される
		基本設計（F/Sの概略設計のレビュー、補足調査・設計等）	基本設計と並行して作業予定表作成およびコスト見積実施
26ないし45カ月（発注者の意思決定期間による延長もある）	3ないし6カ月	契約パッケージ分けと契約約款の選定	発注者が決定
		入札図書作成	GCが作成し、入札図書の内容は発注者の承認を得る
		P/Q（事前資格審査要件）決定	案件の規模、内容に対応する入札適格者選定基準をGCが提案して、発注者が決定
		入札公示	新聞、官報、インターネット等による案件概要の公示、P/Q書類提出期限の公告
	4週間	関心表明受理	入札案件に応札する意思の確認、必ずしも応札するとは限らない
		P/Q書類受理	
	4週間	P/Q審査	応札希望者から提出されたP/Q書類を審査し、GCは審査報告書を発注者に提出、発注者から合否決定を通知
	3ないし4カ月	入札図書配布	P/Q合格者は入札図書を指定期間内に購入する。購入なき場合は応札資格なし
		入札図書に関するQ&A	応札者からの質問に対しGCは回答案を作成。質問と回答は全応札者に公開
		補遺の発行	Q&Aの過程を通じ、GCは必要に応じ入札図書の補遺案を作成、発注者が発行

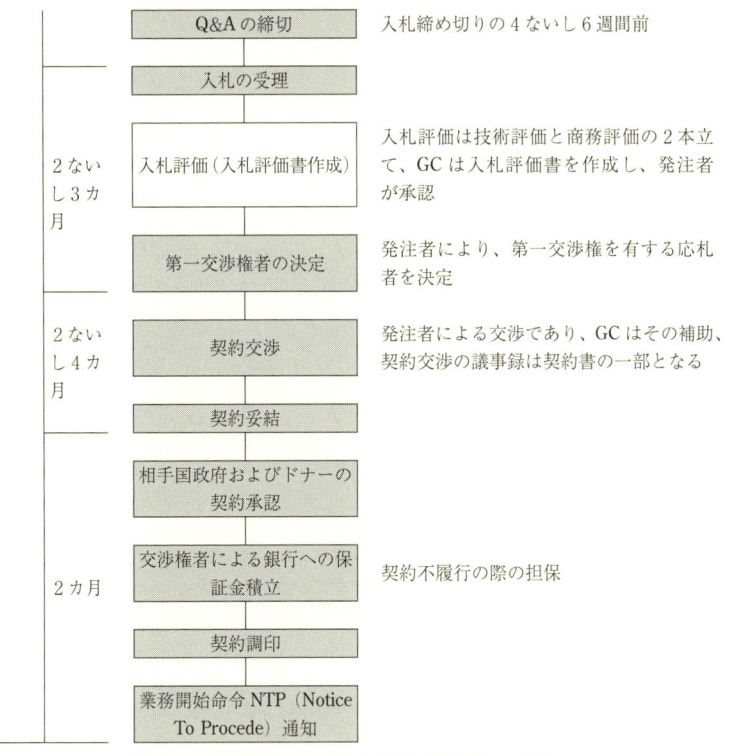

第3章　海外案件の流れ（事前調査から実施契約まで）　23

期間	フロー	備考
	Q&Aの締切	入札締め切りの4ないし6週間前
	入札の受理	
2ないし3カ月	入札評価（入札評価書作成）	入札評価は技術評価と商務評価の2本立て、GCは入札評価書を作成し、発注者が承認
	第一交渉権者の決定	発注者により、第一交渉権を有する応札者を決定
2ないし4カ月	契約交渉	発注者による交渉であり、GCはその補助、契約交渉の議事録は契約書の一部となる
	契約妥結	
	相手国政府およびドナーの契約承認	
2カ月	交渉権者による銀行への保証金積立	契約不履行の際の担保
	契約調印	
	業務開始命令 NTP（Notice To Procede）通知	

図3-1　基本設計および入札準備の業務フローの例

エンジニアリングサービスにおける業務の流れ（GC契約の例）
基本設計から入札補助まで
（注）グレーでマークした部分は発注者が主体的に実施

通省ホームページ[*1]の記述を以下に引用する。

「建設工事の請負契約は、本来、その契約の当事者の合意によって成立するものですが、合意内容に不明確、不正確な点がある場合、その解釈規範としての民法の請負契約の規定も不十分であるため、

---

*1　国土交通省ホームページ www.mlit.go.jp から引用

後日の紛争の原因ともなりかねません。また、建設工事の請負契約を締結する当事者間の力関係が一方的であることにより、契約条件が一方にだけ有利に定められてしまいやすいという、いわゆる請負契約の片務性の問題が生じ、建設業の健全な発展と建設工事の施工の適正化を妨げるおそれもあります。このため、建設業法は、法律自体に請負契約の適正化のための規定（法第3章）をおくとともに、それに加えて、中央建設業審議会（中建審）が当事者間の具体的な権利義務の内容を定める標準請負契約約款を作成し、その実施を当事者に勧告する（法第34条第2項）こととしています。」

国際的には、「国際コンサルタントエンジニアリング連盟」(FIDIC、Fédération Internationale Des Ingénieurs-Conseils) が制定した標準契約約款が広く使用されている。アジア開発銀行やJICA等がODAプロジェクトの国際的契約約款として採用している。

FIDICの契約約款には、契約の種類に応じてレッドブック、イエローブック、シルバーブック、ゴールドブックおよびホワイトブックがある。契約約款の表紙の色でそれぞれ呼称している。

レッドブックは、建設工事の契約条件書であり、発注者（Employer、施主）の設計による請負者（Contractor）の施工による建築並びに建設工事を対象にしている。設計・施工監理のための第三者としてエンジニアが規定されている。

イエローブックは、プラントおよび設計施工の契約条件書であり、請負者の設計、施工による機電プラント、建築並びに建設工事を対象としている。設計・施工監理のための第三者としてエンジニアが規定されているのはレッドブックと同様である。

シルバーブック：EPC/ターンキー工事[*2]の契約条件書であり、

[*2] EPCとはEngineering, Procurement and Constructionの略で、設計、製作（調達）および施工を請負者が行う契約である。ターンキーとは、プラント等の完成後、請負者が発注者にキーを渡して、発注者はキーで電源を入れれば、プラント等が稼働を始めるとの意味である。キーを渡すまでは、請負者の責任で全てを実施する。

請負者の設計、施工によるが、契約金額の変動が限定的であり、請負者が価格と工期に関わる高いリスクを請負う。また、エンジニアの規定がなく、発注者代理人（Employer's Representative、以下「代理人」という）が発注者により指定される。

ゴールドブックは、設計・施工・運営一括発注（契約）方式の契約条件書であり、請負者が設計、施工および運営を行う。エンジニアの規定がないのは、シルバーブックと同様である。

ホワイトブックは、発注者とコンサルタント間の標準契約である。発注者自身に設計、施工監理能力がないことから、それら業務をコンサルタントに発注し、コンサルタントはエンジニアあるいは代理人としての役割を果たす。

FIDIC の各約款の規定内容は、それぞれの約款を参照されたい。

ここでは、鉄道システムに広く採用されているシルバーブックを前提に以下の議論を進めることとしたい。

3.2.3 基本設計

フィージビリティ調査の結果に基づいて、ODA 借款が相手国政府と日本国政府の間で合意され、路線や用地買収計画も確定すれば、プロジェクトの実施に向けて一歩を踏み出す。

相手国政府内で事業主体（発注者）を決める。発注者自身が設計を行うこともあるが、多くはコンサルタントと契約して、コンサルタントに基本設計および入札図書の作成を委託する。コンサルタントとの契約を基本設計のみ、入札図書作成のみといった具合に分割する場合もある。

基本設計は、フィージビリティ調査を発展させたものである。詳細な地形調査、地質調査や地中埋設物調査を行い、路線ルートや駅配置が妥当であるか検証した後、土木構造物、建築および設備設計を行う。設計基準、車両限界、建築限界、軌道中心間隔、最小曲線半径、緩和曲線、最急勾配、縦曲線、車両重量、電気方式、最高運転速度などの基本諸元は最初に決定しなければならない。防災計画

表3-1 システム間のインターフェース例

	土木	建築	軌道	車両
土木		駅部設計条件	構造物寸法、強度、道床固定条件	建築限界、曲線補正
建築	駅、信号・通信機器室および変電所建屋位置ならびにレイアウト		プラットホーム寸法、接地条件	建築限界、プラットホーム寸法、吸排気ダクト構造
軌道	質量(道床厚さ等)、桁剛性、枕木間隔、桁端部処理条件、道床固定方法、排水条件、騒音・振動基準、垂直・水平アラインメント、分岐器・エクスパンションジョイント配置、カント量、スラック量	駅プラットホームとの間隔、排水条件		レール規格、頭部形状、分岐器規格
車両	車両限界、曲線補正	車両発熱量(地下区間)	軸重、車体長、軸距、カント不足量、最高運転速度、騒音・振動データ	
電力	変電所面積、機器配置、受電送電線引込位置、ケーブルトラフ寸法および取付方法、き電線および配線取付、トンネル照明、高架橋照明、機器搬入および設置条件	変電所建屋面積、機器配置、接地(電力側で施工)、駅構内サービス変電容量、機器搬入および設置条件	負き電線、接地	変電所容量、回生電力吸収容量、変電所配置
電車線	電車線荷重、電柱取付方法、電柱位置(Guywireを含む)、接地	駅構内電車線支持条件(駅構造物に電車線を取り付ける場合)、電柱の位置、接地	負き電線、インピーダンスボンド配置	電車線構造、トロリー線径、電柱間隔、絶縁強度
信号	信号関連機器配置、機器搬入および設置条件、ケーブルトラフ寸法および取付方法	信号・通信機器室面積およびレイアウト、機器発熱量、ケーブル引込方法、接地条件、消火器設置条件、バッテリー室換気条件、旅客案内情報表示装置の設置条件、機器搬入および設置条件	信号システム、軌道回路仕様、地上子位置および設置条件、クロスボンド配置、ポイントマシン取付仕様	車上機器仕様、取付方法、EMC、機能・性能確認試験方法
通信	通信関連機器配置、機器搬入および設置条件、ケーブルトラフ寸法および取付方法	信号・通信機器室面積およびレイアウト、機器発熱量、ケーブル引込方法、接地条件、消火器設置条件、バッテリー室換気条件、CCTV設置条件、インターコム設置条件、機器搬入および設置条件	沿線電話機設置条件	車上機器仕様、取付方法、EMC、機能・性能確認試験方法
AFC	機器搬入および設置条件	自動券売機、自動改札機等の数、レイアウト、寸法、質量および設置条件、火災発生時の対応、機器搬入および設置条件		
PSD	機器搬入および設置条件	PSD設置条件(荷重、プラットホームとの絶縁、センサー設置を含む)、機器搬入および設置条件	接地条件	PSD仕様、制御および情報伝送方法

第3章　海外案件の流れ（事前調査から実施契約まで）

電力	電車線	信号	通信	AFC	PSD
変電所位置・寸法、洪水レベル、受電送電線位置、き電線取付、接地、トンネル換気扇容量、排水ポンプ容量	電柱設置方法、桁構造、接地線準備、インピーダンスボンド取付条件	信号機器取付方法、強度	通信機器取付方法、強度		
サービス変電所位置、サービス機器電力容量（サービス変圧器2次側からは建築）	駅構造物強度（電車線取付の場合）、避雷針およびプロテクションワイヤー、電柱の接地	信号・通信機器室空調条件、消火器仕様、床構造、天井構造、旅客案内情報表示の設置位置	信号・通信機器室空調条件、消火器仕様、床構造、天井構造、CCTVおよびインターコム設置位置、警察・消防との連絡方法	AFC機器設置条件、接地	プラットホーム構造および強度、接地
負き電線位置、漏えい電流集電マット（欧州式の場合）	分岐器位置	軌道構造、軌道絶縁仕様、分岐器位置、折返線有効長および車止め仕様	沿線電話機の位置		勾配、接地条件
起動電流、電力消費量、回生電力量	車両限界、パンタグラフ折曲高さ、作用高さ、開放高さ、集電舟の幅、パンタグラフ押上力、集電電流、避雷器仕様	加減速度、最高運転速度、EMC、車上機器設置条件、供給電源	EMC、車上機器設置条件、供給電源、ホーム監視CCTVモニター設置条件		車両寸法（ドア位置）、非常時操作方法
	変電所配置、き電線、負き電線、接地、漏えい電流	信号・通信機器室電源仕様（建築側との調整必要）	信号・通信機器室電源仕様（建築側との調整必要）	AFC機器電源仕様（建築側との調整必要）	PSD機器電源仕様（建築側との調整必要）
き電区分、遮断器・断路器配置、避雷器配置					電車線切断時のリスク
信号機器電源仕様、電力容量、EMC	信号機器およびケーブルの電柱装荷条件		信号情報の通信ケーブル使用条件		列車停止位置、ドア制御情報
通信機器電源仕様、電力容量、EMC	通信機器およびケーブルの電柱装荷条件	信号情報を伝送する通信ケーブル（光ファイバーを含む）の仕様		AFC情報伝送ケーブル仕様	ホーム状態監視CCTV情報伝送
AFC機器電源仕様、電力容量、EMC			AFCサーバー設置位置、AFCサーバーとサーバー間の情報伝送仕様		
PSD機器電源仕様、電力容量、EMC	電車線切断時のリスク		プラットホーム監視CCTV情報伝送先および仕様		

(Disaster Prevention Plan）も最初に発注者と議論し、日本の基準（国土交通省令ベース）か米国NFPA[*3]基準のいずれを採用するかを決める。これは土木建築設計に大きな影響を与える。鉄道施設内の火災や災害に対する保険を付するにはNFPAが優位であるが、NFPAは日本基準よりも大きなスペースを必要とし、駅のコンコースに売店等を設けることを禁止するなどの課題もある。

　基本設計時に、各サブシステム間の境界条件（インターフェース）を、表3-1に示すインターフェースマトリクスを作成して確認する。これは一つの例であり、プロジェクトごとにシステム間の分担が異なることがあるので、注意が必要である。

　技術基準あるいは建設基準は、土木、建築、軌道、車両、電力、信号、通信で異なるものを採用するとそれぞれのインターフェースの調整が煩雑となり、技術的不整合によるトラブルの恐れもある。このため、国土交通省制定の「鉄道の技術基準を定める省令（以下「国土交通省令」という）」を採用して、インターフェースの問題を少なくするとともに、技術的整合性をとる。国土交通省令は数十年に渡って日本の鉄道で使用され、技術基準が適正であることが実証されているので、新たな技術基準を提案するよりも相手側の理解を得やすい。技術基準の詳細については、第5章を参照されたい。

3.2.4　作業プログラム

　基本設計と並行してプロジェクト全体の作業プログラム（予定表[*4]）(Works Program) を作成する。土木、建築、軌道、変電所、電車線、信号、通信、車両および車両基地等の設計、製造、敷設あるいは工事、完成検査等の作業を漏れなく記載し、それぞれの作業の順序の整合性も確認する。全体工程を可能な限り短くするため、

[*3]　米国防火協会、National Fire Protection Association、防火・安全設備および産業安全防止装置などの規格制定を行っている。
[*4]　Programには計画の意味もあるが、予定表として使われるので、後述のPlanと区別するため、プログラムとした。

工区割も検討する。すなわち、鉄道建設では、土木、建築、軌道、電車線などの工事が複雑に絡み合っており、土木工事を終えなければ、軌道の敷設ができない。電車線の敷設は軌道工事の完成を待って着手する等々の制約条件を考慮しなければならない。また、何処か一か所から工事を開始すると工期が延びるので、いくつかのブロックに分割して施工（工区割）するのが一般的である。このようにして作成した作業プログラムには、土木・建築工事は何時までに完成させなければならないか、軌道工事の着手と完成は何時か、電車線工事の着手と完成は何時か、車両基地完成時期、車両搬入時期等々の情報が週単位で記載される。

　契約のパッケージが、土木・建築、軌道、電車線、車両などに分割されれば、パッケージ間の境界条件（インターフェース）として、プロジェクト開始を起算点とした完成期日（Key Date）、他のパッケージの着手開始期日（Access Date）が決定され、入札図書および契約書の要求事項となる。

3.2.5　コスト見積

　基本設計を基に、土木、建築、車両、電力等のサブシステム毎にプロジェクトコストの見積を行う。基本設計の図面から資材、機器および部品の数量を拾い、数量表（BOQ、Bill of Quantity）を作成してコストを見積もる。土木・建築では日本国内の建設物価資料が公刊されているので、それを使う場合もある。公刊資料がない場合には、過去の類似のプロジェクトのコストを参照するか、必要に応じて、メーカー等に見積照会を行う。ただし、プロジェクトの情報を事前に漏えいすることはできないので、具体的な仕様を示しての見積照会ではなく、一般的な機器や部品の単価を照会するに留める。コストは外貨分と現地通貨分に分けて積算する。土木、建築は現地通貨分の割合が高くなるが、車両や電力等では輸入品が多いので、外貨分の割合が高くなる。STEP案件では、日本から輸入するものと、その他の国から輸入するものとを分けて、それぞれのコストを

積算する。

　コスト見積およびSTEP対象物品は発注者の承認を得て、プロジェクトコストが決まり、相手国政府から日本政府に対して、借款の申し込みが行われる。プロジェクトコストが100％借款でまかなわれることはなく、用地買収費やコストの一定部分は相手国政府の負担となる。これは相手国中央政府あるいは地方政府の予算措置を伴うので、相手国内の意思決定に時間を要することがある。両国の協議によって、借款の範囲、額および償還条件が決定される。

　借款は日本国の税金であり、相手国政府も自国負担分も含め将来の返済金は相手国の税金およびプロジェクトの収益を充てることになるので、コスト見積には厳正さが要求される。必要に応じて、基本設計およびコスト見積について第三者によるチェックが行われる。収支計画策定に際し、インドや東南アジアでは運賃水準そのものが低いので、運賃のみで建設費の償却まではできないことを考慮し、相手国の公的資金拠出を資金計画に織り込む必要がある。

　ここで注目すべきは、日本国内の都市交通は独立採算を前提とした運賃体系を採用しているのに対し、ヨーロッパや米国では公的補助金を投入して運賃を抑制していることである。東京や大阪の都市鉄道網の多くは20世紀前半に整備され、償却費の負担も少ないことから、比較的低運賃での経営がなされている。しかしながら、建設時期の新しい鉄道では、建設工事費が高くなるとともに償却費の負担も大きいので、高い運賃水準となっている。日本では列車の混雑率に代表されるサービス水準が他の国の都市交通と比べてよいとは決していえないが、都市交通は黒字が常識となっている。一方、欧米では、補助金前提の経営であり、都市交通は赤字が常識となっている。

3.2.6　入札図書の作成

　基本設計について発注者の承認が得られれば、入札図書の作成に着手する。ここでは、シルバーブックを使用した入札図書の例につ

いて述べる。

　入札図書の構成はプロジェクトにより異なるが、一つの例を挙げれば、全体を5部構成とし、第1部入札概要と契約条件、第2部一般要求事項、第3部個別要求事項、第4部発注者図面（参考）、第5部データ（地質等）の各分冊としている。それぞれ詳細に記述しているので、全体では1,000ページ以上となる。プロジェクトによっては、第1部を2分割したり、第5部を省略したりしている。

　シルバーブックは、設計、施工および試験を通じてシステムを完成させる全ての責任は請負者[*5]にあることを基本としている。したがって、技術的要求事項は性能要求が主であり、仮に要求事項あるいはデータに誤りがあったとしても、一定期間内に請負者がそれを指摘して必要な措置を発注者に要求しなければ、契約金額は改訂されない。入札公示から締め切りまでの期間内にも応札者による質問、発注者による回答および入札図書の補遺（改訂）が行われる。

　第1部は、プロジェクトの概要、発注する作業の概略、資金源、入札者の資格要件、主要器材の調達国、現地調査、発注図書の内容、発注図書の解明要求手続き、発注図書の修正手続き、入札書の要件、使用言語、提出要求書類（品質計画概要、安全計画概要、環境計画概要、技術提案、工程計画、製造・施工方法、支払計画、スタッフ動員計画等）、入札金額、有効期限、開札、入札評価方法および基準、保険、入札の解約、契約交渉者の通知、契約交渉、契約調印、契約保証金、契約約款、契約約款特約事項等を規定し、基本となる文書のフォーマットを付している。STEP案件であれば、STEPの要件を満たすための条件、いずれの資器材を日本から調達するか等を記載する。現地生産の要求があれば、その条件を記載する。作業プログラムから作成した完成期日、着手開始期日も重要な要求事項である。

　応札者がどのような組織でプロジェクトに取り組むかを確認するため、主要構成員（プロジェクトマネジャー、システムインテグレーター、

[*5] 入札段階では応札者（Tenderer または Bidder）、契約後は請負者（Contractor）

品質管理者、主任設計者等）の氏名、職歴（業務経験、年数）、学歴の要件を示して、応札者から提案させるようにしている。契約後は請負者から改めて組織および主要構成員の情報を提出し、発注者の承認を得る。

　第2部は一般要求事項として、契約後に請負者が実施すべき項目を規定する。組織、主要構成員および安全衛生管理者の発注者による承認、提出すべき書類（計画、設計書、作業計画、工程計画、落成図書、試験計画）、作業プログラム、適用技術基準、工程管理、品質管理、安全衛生管理、環境保全、他契約パッケージ請負者とのインターフェース、現場管理、現場の保全、作業管理、作業用電源および水源、輸送、試験および受取検査、安全証明取得、広報活動、予備品および消耗品、作業用器具、瑕疵修補、教育訓練計画、アフターケア、ソフトウエアーの保全等の要求事項を記載する。

　品質管理計画は2つある。一つ目はプロジェクト遂行に係わる品質管理のために、ISO9001に基づいた品質管理マニュアル、品質管理計画、品質管理に係わる業務手順、品質監査計画の提出を要求するものである。二つ目は、鉄道システムおよびサブシステムの安全性、信頼性を担保するため、ハザード分析、RAMS計画、EMC管理計画の提出を要求するものである。ハザード分析は、作業安全計画にも使用するが、設計に先立って、鉄道システム全体、各サブシステムの安全性を検証するために行う。IEC62278[*6]に基づくRAMS計画は、個別要求事項で指定した信頼性（故障率）、アベイラビィティ、保守性および安全性を実現するためにどのように取り組むかについて請負者の方法論を確認するためのものである。IEC62236[*7]シリーズに基づくEMC管理計画は、電気鉄道では必須である。車両、電車線およびき電線から放散される電磁波が信号通信設備等鉄道内のサブシステムに及ぼす影響を最小限とするとと

---

*6　IEC62278; Railway application — Specification and Demonstration of Reliability, Availability, Maintainability and Safety
*7　IEC62236; Railway Application — Electromagnetic Compatibility

もに、外部への影響を最小限とするための方策樹立および検証に用いる。このように、設計施行のみならず、完成後の運営も含めた幅広い品質管理を要求する。

他契約パッケージ請負者とのインターフェースは、契約後のトラブル回避のために特に重要である。EPC契約では、契約パッケージを土木建築、鉄道システム等に分割した場合に、それぞれの契約パッケージ間の境界領域を個別の項目毎に細かく規定する。

例えば、次のように規定する。
- 電車線の電柱から上は鉄道システム請負者が材料を準備して敷設する。電車線を高架橋に固定するボルトの太さは、鉄道システム請負者と土木建築請負者が協議して設計し、ボルトは鉄道システム請負者が供給して土木建築請負者が桁製作時に埋め込む。
- 変電所の基礎工事は鉄道システム請負者が変圧器の荷重条件を土木建築請負者に提示して、土木建築請負者は基礎を設計、施工する。変圧器の取付ボルトは鉄道システム請負者が土木建築請負者に供給し、土木建築請負者は基礎に埋め込む。変圧器の取付は鉄道システム請負者が行う。
- 駅の鉄道システム機器室へのケーブル引込のための穴は土木建築請負者が、鉄道システム請負者の求めに応じて準備する。

このような規定は、インターフェースマトリックスを作って、土木と鉄道システム間の作業分担に抜けがないかを確認する。入札図書にはその結果をきめ細かく記述している。日本では、発注者がシステム設計まで行うので、このような確認は発注者が行い、請負者は発注者の指示にしたがって作業を行うだけであり、日本国内の仕事のやり方に慣れていると、この部分の見落としをする可能性がある。

また、鉄道システムの場合には、防災計画の考え方と合わせて、開業後にどのように使用されるかの要求事項をシステム運営計画として入札図書に含める。これは、後述の個別要求事項との整合性が

とれない場合も考慮して、システム全体の目標機能・性能を明示することによって、発注者の意図敷衍を補強する。

第3部は、個別要求事項として、鉄道システムのサブシステムである軌道、電力、信号、通信および車両などの各システムの要求事項を規定する。共通項目としては、要求事項の適用範囲、定義と略語、発注業務の範囲、使用条件、設計寿命、性能要求事項、技術要求事項、インターフェース要求事項、サブシステム特有の試験および受取検査項目、設計書に含むべき計算書および図面等を具体的に規定する。設計検証の一部としてモックアップの製作を規定することもある。サブシステム間のインターフェースも個別要求事項の中で規定される。鉄道システムを構成する全てのサブシステムが一つの契約パッケージであれば、サブシステム間は請負者自身で管理可能であるので、詳細は請負者の裁量に委ねられる。しかし、車両や電力などのサブシステム毎にいくつかの契約パッケージに分割された場合には、インターフェース管理が重要となってくる。

基本設計で得られた変圧器の出力、車両の出力、機器の台数等の数値は個別要求事項には記載しない。設計に必要な事項およびデータを提示して、応札者および請負者による具体的な設計提案を要求している。そのようにすることによって、最適なシステムが建設されることを期待している。したがって、入札図書には基本設計で得られた具体的数値は記載せず、性能要求を仕様として記載する。

第4部は、発注者図面として、路線計画図、駅計画図、車両基地計画図、システム計画図、建築限界および車両限界等を記載する。基本設計で用いた図面が主であるが、路線計画、建築限界および車両限界を除いて参考資料としての位置付けとしている。請負者の裁量範囲を広げるためである。

第5部は地質データ等のデータ集であるが、鉄道システムだけのパッケージでは省略されることもある。

3.3 入札公示から入札まで

　入札図書が完成し、発注者側の承認が得られれば、入札開始となる。新聞、官報、ホームページ等に入札公告を掲示し、事前資格審査を通った入札希望者は発注者あるいはその代理人から入札図書を購入する。入札図書購入は、入札したいとの意思表示でもある。

　入札公示後に、発注者が説明会を開催し、概要説明と現地説明を行う。同時に参加者からの質問に対する回答を行う。

　応札者は、入札図書を読んで入札書（入札提案書）を作成する。入札書（入札提案書）は商務と技術の2つから構成される。商務部分は財務状態を示す資料、過去のプロジェクト受注実績、過去の受注において資格停止等の処分を受けていないことの申告、プロジェクトの実施体制（JVであれば、JV構成企業の同意書、下請けを使う場合には下請け企業の名称、財務状態等の資料も含む）、主要構成員候補者の学歴・略歴、価格、価格の内訳などである。技術部分は、当該契約パッケージに係わる技術提案、作業プログラム提案などを記載する。

　入札図書に疑問点があれば、質問書を発注者に送付し、回答を求める。大きなプロジェクトでは、数百に及ぶ質問が出される。発注者はそれらに回答するとともに、入札図書の補遺（Addendum、改訂）も必要に応じて発行する。補遺は入札図書購入者全てに通知される。補遺も1回ではなく、数回に渡って行われることもある。質問の締切は入札締切の4週間前というように設定される。これは多数の質問に対する回答、補遺通知の業務があるためである。

　入札は2段階2エンベロップ（封筒）あるいは1段階2エンベロップの2つがあり、いずれを採用するかは、入札公示に明記される。

3.4 入札書の評価

　応札者は数百ないし数千ページに及ぶ入札書（入札提案書）を期日までに提出する。原則として複数の応札者があれば、入札が成立

するので、発注者は全ての応札者がいる場で開札する。

入札価格についての計算ミスの有無について、価格内訳書を基に発注者（入札補助コンサルタント）の手により検算が行われ、計算ミスが発見されれば、入札書（価格）の修正を行う。

1段階2エンベロップであれば、商務提案に記載された入札価格の低いものから順番に技術評価が行われ、技術評価が入札図書の要件を満たすと認められれば、契約交渉に入る。あるいは、その逆に技術提案の評価を行い、技術提案をパスした応札者の入札書（価格）を開いて、最低価格を提示したものから契約交渉に入る。

2段階2エンベロップであれば、最初に技術部分を開札して技術評価を行い、技術評価をパスした応札者のみに期日を指定して入札書（価格）提出を求め、入札書（価格）を開札し、最低価格の応札者から契約交渉に入る。

3.5 契約交渉

契約条件の確認、一般要求事項および個別要求事項の確認を行う。

特に、支払い条件について、細かく確認する。一般的には前渡し金として契約金額の一部が支払われるが、完成まで長期間を要し、金額も大きいので、請負者の資金調達に問題が生じないように、プロジェクトの進行に合わせて、中間段階で請負者が発注者に請求して支払いを受けることになる。どの段階で何を対象として請求を行うかが問題であり、契約時にきめ細かく取りきめる必要がある。設計図書を対象とする場合には、設計のどの段階までの図書とするか、図書に含まれるもの、図書が入札仕様書に規定する条件を満たしたか否かの発注者による確認方法について、双方で詰めて、支払請求に問題を生じないようにする。工事の進捗に係わるものであれば、支払い対象となる工事の範囲および資器材の購入・配達の範囲、工事が要求事項を満たしていることの証明書類などについて確認する。実行場面で請負者が請求を行っても書類不備で支払いを拒否されることもあるので、要求される書類の種類、様式、証明者のサイン等

について慎重に確認する必要がある。

　入札提案書でいくつかの確認項目が残っている場合には、交渉の場で確認する。もっとも要求事項に対する大きな不適合は、入札評価の段階で失格としてはねられるので、ここでの確認は失格には至らないが、後日の紛争を避けるために必要な項目について確認する。要求事項の一部仕様を変更して価格低減につながるようなものも議論される。

　契約交渉での議論は議事録としてまとめられ、発注者、請負者（契約書署名までは契約交渉応札者）双方の署名で確定する。これは契約書の一部となる。

　契約交渉がめでたくまとまれば、契約となる。正式契約発効までには、ODAに係わる政府機関の承認、発注者の上部機関の承認、保証金積立の確認などが行われて、契約書の調印となる。

3.6　海外案件の発注形態

　日本国内の案件であれば、発注者は鉄道事業者あるいは鉄道建設運輸施設整備機構（以下「鉄道・運輸機構」という）であり、定期的に行う業者資格審査で発注対象および金額ごとに応札できる業者を予め選定しているので、プロジェクトごとの事前資格審査を行わない。発注毎に資格を有する業者（複数社）に入札通知を行う。

　発注者はシステムインテグレーターとしてシステム設計を行い、インターフェース調整も行った上で入札図書（発注仕様書）を作成し、図3-2に示すようにサブシステム毎に発注する。さらにサブシステムを構成する部品のうち主要なものについては、発注者が部品供給者を指定もしくは個別契約を行う。例えば、車両については、車体および組立、台車、駆動用電機品、補助電源装置、ブレーキ装置、冷房装置などのサブシステムに分割して発注される。車輪や車軸のような重要部品は発注者が直接契約し、車体あるいは台車メーカーに支給材あるいは交付材として車輪・車軸メーカーから車体あるいは台車メーカーに直接納入させることも行われている。車体の大き

```
                  ┌─────────────────┐
                  │   鉄道事業者    │
                  └────────┬────────┘
                           │
             ┌─────────────┴──────────────┐
             │ システム設計・インターフェース調整 │
             └─────────────┬──────────────┘
                           │
             ┌─────────────┴──────────────┐
             │ サブシステム毎個別仕様書による発注 │
             └─────────────┬──────────────┘
```

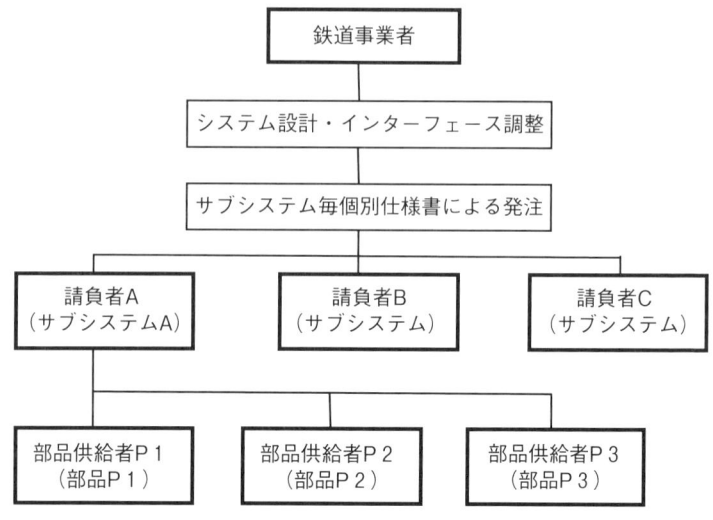

図3-2　日本国内のビジネスモデル

さ、車両性能、個々のサブシステムの機能および性能配分は発注者が決め、各サブシステム間のインターフェースも発注者が調整して決めるので、応札者は発注仕様書に基づいた設計および提案を行うこととなる。価格、納期および技術提案内容により請負者が選定される。契約後に発注者と請負者が協議して、設計の細部を詰める。このように、請負者側の責任範囲は限定されている。その一方で、発注仕様書であいまいであった部分についての追加要求がなされることもある。ある意味では、発注者の権限が非常に大きいビジネスモデルとも言える。このような発注方法は、車両に限らず、電力、信号、電車線などでも行われている。

このビジネスモデルは、発注者がシステム設計を行う技術的能力を有していることが前提となる。しかしながら、中小鉄道事業者ではそのような能力の保持が難しいので、車両メーカーにまるごと発注するケースも見受けられる。

海外におけるビジネスモデルは日本と異なる。図3-3に示すよ

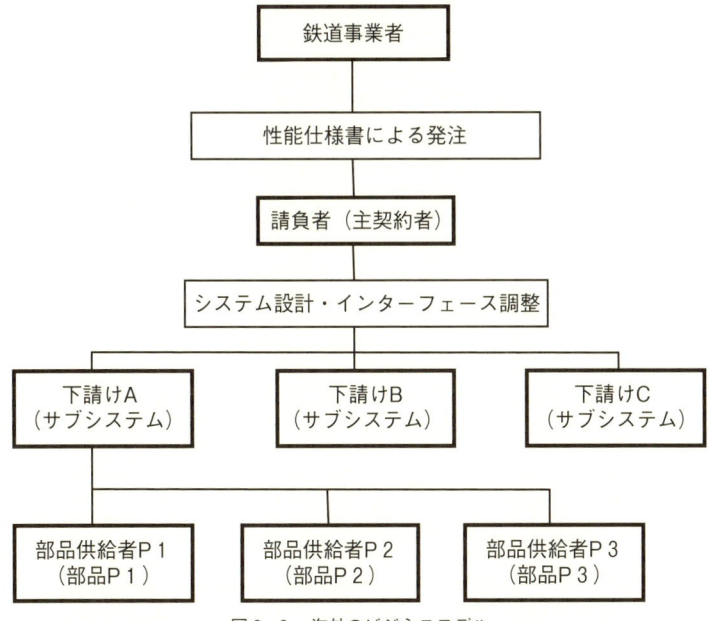

第3章 海外案件の流れ（事前調査から実施契約まで） 39

```
         ┌─────────────────┐
         │   鉄道事業者    │
         └────────┬────────┘
                  │
         ┌────────┴────────────┐
         │ 性能仕様書による発注 │
         └────────┬────────────┘
                  │
         ┌────────┴────────┐
         │ 請負者（主契約者）│
         └────────┬────────┘
                  │
    ┌─────────────┴────────────────────┐
    │ システム設計・インターフェース調整 │
    └─────────────┬────────────────────┘
                  │
   ┌──────────────┼──────────────┐
┌──┴───┐      ┌──┴───┐      ┌──┴───┐
│下請けA│      │下請けB│      │下請けC│
│(サブシ │      │(サブシ │      │(サブシ │
│ステム) │      │ステム) │      │ステム) │
└──┬───┘      └──┬───┘      └──┬───┘
   │             │             │
┌──┴────┐   ┌───┴───┐    ┌────┴───┐
│部品供給│   │部品供給│    │部品供給 │
│者P1   │   │者P2   │    │者P3    │
│(部品P1)│  │(部品P2)│   │(部品P3) │
└───────┘   └───────┘    └────────┘
```

図3-3　海外のビジネスモデル

うに、鉄道事業者あるいはインフラ管理者は、要求性能を記述した仕様書に基づいてシステム全体を発注し、請負者（主契約者）がシステムインテグレーターとして、サブシステムの構成を決定し、サブシステム間のインターフェースを調整する。かつてのヨーロッパの鉄道も日本と同様のシステムインテグレーターの機能を保持し、サブシステム毎に分割発注してきた。しかし、1990年代に始まったヨーロッパの国鉄改革で、多くの国鉄がインフラ管理者と列車運行事業者に分離され、インフラ管理者や列車運行事業者ともに技術部門を縮小し、車両、電力、信号等のシステム設計をメーカーに任せるようになった。国鉄改革と並行してヨーロッパの市場統合も進められ、メーカーの統廃合が行われ、その過程で国鉄の技術者の多くがメーカーやコンサルタントに移った。結果として、技術の主導権

が鉄道事業者からメーカーに移ることとなった。

海外案件のビジネスモデルは図3-3に準じたものが多く採用され、発注単位も、車両単独、電力単独といったシステム毎のものから、いくつかのシステムをまとめたものまで多様である。極端なケースでは、軌道から車両までまるごと一つの契約として、請負者が全てを取りまとめるようにしている。システム毎の契約パッケージであっても、契約パッケージ間のインターフェースは請負者が責任を負うようにしているものが多い。これは発注者側の技術能力が不十分であるので、FIDICのシルバーブックによって全てを請負者の責任で設計・施工から完成までを行うようにしている。もちろん、プロジェクト実施過程におけるリスクは請負者負担であるので、応札価格はイエローブックなどによる契約よりも割高となる傾向にある。

3.7 海外案件と日本国内案件の発注図書の違い

日本国内のビジネスと海外ビジネスの最も大きな違いは3.6に述べた入札図書である。前節で述べたように、国内ビジネスは、発注者がシステム設計を行い、各サブシステムに分割して発注している。その時に使用する入札図書は、海外のものに比べて簡素な内容となっている。すなわち、契約に係わる事項は、発注者の契約規程、手続きなどが公示されており、それらが入札図書の一部となる。技術仕様に関しては、従来の車両あるいはシステムからの主な変更希望が列挙されていることが多く、具体的な使用条件、設計条件の記述が少ない。これは長年の商取引を背景として、応札者はその鉄道の車両あるいはシステムの使用条件を十分に知悉しているとの前提である。速度向上や性能の大幅な変更要求は使用条件の変更でもあるが、その詳細な説明が省略されていることもあり、契約書に契約後の設計協議で詳細を決めるというような付帯事項が記されている。これは、ヨーロッパメーカーから見ると信じられないことである。自社の車両やシステムの使用条件を定量的に規定できないというの

は、その発注者の技術的能力がないということを示しているに等しい。また、契約後の設計協議で詳細を決めるという要求についても、入札図書にない要求を無限に押しつけられるとの疑問を持たせる。

　日本の商慣行では問題とはされなかったことも、国際入札では問題となる。逆に日本のビジネスに馴染んだ企業が海外でビジネスを行おうとすれば、商慣行の違いに目を丸くし、入札図書に記載してある要求事項を正しく読み取ることができない。草野球でプレーしていたのが、いきなり大リーグのグランドでプレーし、ルール違反を繰り返すようなものである。したがって、海外ビジネスで要求されるスキルは何かについて、事前の勉強が必要である。

　国内ビジネスでは、システムインテグレーターとしての役割を果たす機会がなかったものが、海外ビジネスではシステムインテグレーターという主役を務めなければならない。システムインテグレーターはシステム全体を見渡し、それぞれのサブシステム間のインターフェースを調整し、それぞれの機能・性能配分の最適化を図るのが役割である。往々にして陥る落とし穴は、各サブシステムの設計をそれぞれの下請けに任せ、単なるホチキスの役割となることである。下請けが作成した資料を検証せずに、そのまま発注側コンサルタントに提出して厳しい指摘を受け、設計業務が停滞することもある。下請けは自身のサブシステムのことしか考えず、システム全体の最適化を考える立場にはない。黙っていても下請けが全てうまくやってくれると思う方が間違いである。システムインテグレーターは元請けであり、それぞれの下請けを指揮して、サブシステムからなるシステム全体をまとめあげなければならない。オーケストラの指揮者ともいえよう。特にJVでは、企業風土や技術的背景の異なる企業からメンバーが集まるので、システムインテグレーターとしての資質が問われることになる。さながらワールドカップに臨む日本チームの監督のように。

第4章　海外案件の流れ（発注から完成まで）

4.1 プロジェクトの実行体制

　契約調印後に発注者から請負者にエンジニアあるいは代理人の通知が行われる。エンジニアも代理人も発注者がコンサルタントを雇用する。

　エンジニアは FIDIC のレッドブックまたはイエローブックに対応したポジションであり、プロジェクトの設計、施工および完成検査を通して技術的責任を負う。シルバーブックの場合には、技術的責任は全て請負者が負うので、代理人が選定され、代理人の職務範囲も発注者が指定する。シルバーブックは発注者が当該プロジェクトに関する十分な知識経験を有していない前提で選択されるので、コンサルタントは発注者の代理人として、プロジェクトの設計、施工および完成検査に係わる業務の監理（Supervise）を行う。契約の基本にかかわる事項、例えば、下請けの承認、設計または施工方法の変更および価格変更は、発注者が代理人の意見を参考にして決定する。

　発注者の代理人として雇用されるコンサルタントは、入札図書作成や入札評価に従事したコンサルタントと同じ場合もあれば、異なる場合もある。コンサルタントは、全体を統括するプロジェクトマネジャーの下に、契約、コスト、工程、文書、技術、施工監理等の部門別責任者とそのスタッフが配置される。大きなプロジェクトでは数十人から百人程度の規模となる。

　請負者は、全体を統括するプロジェクトマネジャーの下に、発注側コンサルタントと同様のスタッフが配置される。一部の作業は下請け企業に委託され、下請け企業内にも統括責任者を頂点とする組織が構成される。

　以上のように、発注者、発注者代理人、請負者の3者によりプロ

ジェクトが遂行される。

4.2 発注者、代理人および請負者の関係

ここでは、E&Mや車両の契約に多く採用されるシルバーブックを対象として説明する。

請負者は契約書にしたがって、様々な文書を代理人に提出する。代理人は提出された文書を審査し、契約の基本に係わるもの（主要なスタッフの承認、下請け業者の認定、設計変更、施工方法の変更、契約金額変更、クレーム処理等）は代理人の意見を付して発注者の判断を求める。その他の文書は審査の後、異議通告（NOO、Notice of Objection）、意見付異議なし通告（NONOC、Notice of No Objection with Comment）および異議なし通告（NONO、Notice of No Objection）の3種類のいずれかの回答を行う。NOOは提出文書が契約書の要求事項を満たしてないので、拒絶することを意味し、拒絶理由を述べたAコメントを付す。NONOは提出文書が契約書の要求事項を満たしており、受諾することを意味する。NONOCはその中間に位置する。コメントはA、BおよびCに分類され、Aは重大な不適合、Bは重大な不適合には至らないが書き直しあるいは施工方法の変更を要求するもの、Cは誤記などの軽微な不適合であるが次の機会までに修正を求めるものである。回答やコメントの種類による支払の

表4-1 回答とコメントの種類

回答	コメント	支払	請負者の作業	書類の取扱
NOO	A	保留	中止	要再提出
NONOC	B	保留	中止	要再提出
NONOC	C	可	継続	指定期間内にコメントC部分を修正の上再提出
NONO	なし	可	継続	受諾

（注）再提出は文書全体の再提出であり、コメントにより修正した部分のみの提出ではない。文書は長期間保存されるので、履歴管理上部分提出は混乱を招く。

可否は発注者と請負者間で協議して決める。その例を表4-1に示す。

シルバーブックでは、設計、施工等の全ての責任を請負者が負うので、代理人による承認は行わずに、異議なし通告（NONO）により、請負者の提案を受け入れるとの意思を表示する。請負者による中間請求に関連する文書（管理計画、品質関連文書、安全衛生関連文書、予定表等）については、NONOを出す前に、代理人は発注者の同意を得る必要がある。

4.3 発注から完成までの業務

第3章で述べたように実施契約にこぎつけた後の主な業務フローの例を図4-1（P.46-47）に示す。着手命令からの時間は大まかなイメージを示したものであり、個々のプロジェクトによって異なることをお断りする。

4.4 一般文書

請負者の提出文書として、設計図書の他に、多くのものが契約書に規定されている。数十ないし数百億円の規模のプロジェクトが、契約通りに実行され、完成したことを証明する文書ともいえる。

4.4.1 初期段階で要求される文書

契約認定（Award of Contract）から7日以内に、請負者は動員プログラム（Mobilization Program）を発注者に提出しなければならない。動員プログラムには、開始後90日間の業務内容、スタッフ動員計画、資器材購入計画を記載する。発注者もしくは代理人は動員予定表受理後21日以内（契約で規定した期日）にその審査結果を請負者に通知する。ここに記載する業務内容の主なものは、組織図、要員の職名および氏名、契約書に規定されている文書の提出計画である。全体の責任者であるプロジェクトマネジャー、設計主任者[1]、システムインテグレーター[2]、品質管理責任者、品質監査員[3]、安全衛

生管理者などの主要なポストの要員の職名および氏名は、入札書に記載したものの再確認の意味もある。入札時点から変更した場合には、略歴や学歴証明等を添付して、入札図書の要求事項に適合していることを証明する必要がある。プロジェクトの使用言語が英語である場合には、英語能力の証明書[*4]の添付も求められる。

着手命令 (NTP、Notice to Proceed) によりプロジェクトの開始日 (CD、Commencement Date) が指定される。CDは前章に述べたように、契約調印後の手続きの完了を確認した後に指定される。CD後28日または30日以内に提出すべき文書は多く、プロジェクトによって、様々なものが指定されており、ここには一つの例を示す。なお、提出した文書は代理人の審査を受け、NONOを得るまで、再提出あるいは再々提出を求められ、最終的に受け入れるまでに時間が掛るので、請負者はプロジェクトの全体工程をにらみながら早めの対応を取る必要がある。また、計画とプログラムは表裏一体のものであるので、両者を並行して作成する。また、JVあるいは単独での受注であっても、プロジェクトに係わる組織の業務遂行のための規程、工程計画が必要であり、そのためにも計画とプログラムが使用される。各種計画は、一般の会社における組織規程、職務規程、品質管理規程、安全衛生規程、業務執行手順等と同じ性格を有している。契約に規定されている文書を提出するだけではなく、組織運営のための規程類、管理ツールとしてのプログラム（工程表）を作成するとの意識で取り組まないと、有効に活用されるものとはならな

---

*1 Chief Designer、全体の設計を統括する。いくつかのサブシステムから構成される契約パッケージでは、サブシステム毎の主任設計者の設置が要求されることもある。

*2 System Integrator、システム全体の統括者であり、いくつかのサブシステムを含む契約パッケージでシステムインテグレーターの設置を要求されることが多い。車両や信号等の単独パッケージでは、設計主任者が全体を統括することもある。

*3 ISO9001シリーズの品質管理体制が要求されている場合には、独立した監査員 (Quality Auditor) の設置が要求される。

*4 一般的にはTOEICの成績証明書が使われる。証明書の日付はなるべく直近のものが望ましいとされている。

エンジニアリングサービスにおける業務の流れ（GC契約の例）
設計・施工監理の主な業務

時間軸NTPから	GC		契約者	
		発注者による代理人業務範囲の指定	動員プログラム提出	
7日以内				
30日以内	提出プログラム、管理計画等の審査	←審査結果通知（21日以内）	初期作業プログラム、設計・認証提出プログラム、価格分析、プロジェクト管理計画、システム保証計画等の作成	提出→ 他契約者および関連する公的機関とのインターフェース協議開始
45日以内	初期設計書の審査	←審査結果通知（21日以内）		初期設計書作成 提出→
	管理計画等の審査	←審査結果通知（21日以内）	設計、調達および製造計画、施工管理計画、完成管理計画等を作成	
	設計関連文書の審査	←審査結果通知（21日以内）		インターフェース管理計画作成 提出→ 設計関連文書（ハザード分析、EMC計画、RAMS計画等）作成
	作業プログラムの審査	←審査結果通知（21日以内）	作業プログラム作成（変更の都度）	
12カ月	詳細設計書の審査	←審査結果通知（21日以内）		提出→ 詳細設計書作成
	下請業者承認	←審査結果通知（21日以内）	下請業者承認申請 提出→	
			必要に応じて、期日指定なし 提出および立会通知→	調達および製造 ←詳細設計承認後
24カ月	試験および検査計画審査	←審査結果通知（21日以内）、立会の可否通知→		工場試験および初期検査計画

46

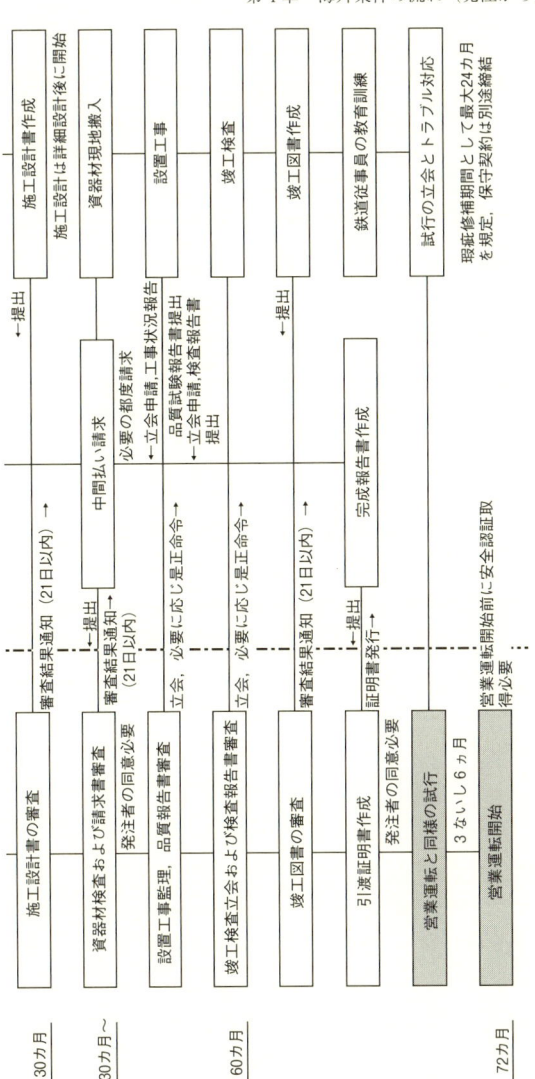

第 4 章　海外案件の流れ（発注から完成まで）　47

期間	発注者側	やり取り	受注者側
30ヵ月	施工設計書の審査	←提出／審査結果通知（21日以内）→	施工設計書作成／施工設計は詳細設計後に開始
30ヵ月〜	資器材検査および請求決審査／発注者の同意必要	←提出／審査結果通知（21日以内）→／中間払い請求／必要の都度請求	資器材現地搬入
	設置据工事監理	立会，必要に応じ是正命令	設置工事／立会申請，工事状況報告
	竣工検査立会および検査報告書審査	立会，必要に応じ是正命令	竣工検査／品質試験報告書提出・立会申請，検査報告書提出
60ヵ月	竣工図書の審査	←提出／審査結果通知（21日以内）→	竣工図書作成
	引渡証明書作成／発注者の同意必要	←提出／証明書発行→／完成報告書作成	鉄道従事員の教育訓練
	営業運転と同様の試行／3ないし6ヵ月	営業運転開始前に安全認証取得必要	試行の立会とトラブル対応／瑕疵補修期間として最大24ヵ月を規定，保守契約は別途締結
72ヵ月	営業運転開始		

図 4－1　設計・施工監理の主な業務フロー

い。これら文書の作成は、技術に特化したものを除き、技術者よりも組織運営、規程整備、財務に通じた総務系の人間が作成した方が、良い結果をもたらす。

4.4.2 文書の内容

(1) プログラム

プログラムは当該プロジェクトで使用するプロジェクト管理ソフトウエア（入札図書に明記）により作成され、次のものが含まれる。

1) 初期作業プログラム（Initial Works Program）

入札提案書の作業プログラム（Tender Program）を基本として、プロジェクトの開始時期をCD（開始日）に合わせて修正したものである。プロジェクト遂行のための業務を細分化し、それぞれについて何時開始し、何時完了するかを表示する。入札図書に規定された完了期日および着手期日を遵守することの確認も行う。契約交渉の中で、工程変更が合意されていれば、その変更を取り入れる。

作業プログラムには、作業計画策定の前提条件、主な作業の概要、クリティカルパス、クリティカルパスの作業遅延の場合の回復方法などについて記述する。この作業プログラムは請負者の業務管理計画の根本をなすものであり、プロジェクトの遂行中に用地買収の遅れ、他のパッケージの工事遅れなどがあった場合に、工程変更評価の基礎データとなる。この作業プログラムに全ての作業を網羅することは難しいので、初期作業プログラムが発注者に承認された後、最終作業プログラム（Final Works Program）あるいは詳細作業プログラム（Detail Works Program）を提出することになる。最終作業プログラムあるいは詳細作業プログラムが承認されれば、そ

れらがプロジェクトの管理ツールとなる。

2）設計および認証提出プログラム（Design and Certification Submission Program）

設計は初期設計（Inception Design）、詳細設計、施工・敷設設計などの段階で行われ、その都度、発注者の承認を得る。承認の条件として、第三者による認証あるいは関連する公的機関による認証が求められることもあるので、それらの作業予定を記載する。上記の初期作業プログラムから、設計および認証に係わるものを抽出して作成する。電波の周波数割当、消防当局による防火設計承認、労働安全衛生に係わる法令に基づく認可、車両の認可等も重要な要素となるので、現地の法令をチェックした上で、必要な許認可事項を盛り込む。シルバーブックでは、これらの許認可取得も請負者の責任範囲とされている。

日本国内のビジネスであれば、技術基準は国土交通省令「鉄道の技術基準を定める省令」および解釈基準に規定されているので、それに適合していることを確認すれば、国土交通省の認可あるいは確認が得られる。しかしながら、海外案件においては、当該国にそのような法令が整備されていないこともあるので、発注者が安全認証を行う法的根拠がないため、鉄道システムの安全をどのように担保するかが課題となる。そのため、第三者認証が要求される。土木・建築は日本国内においても、海外においても、設計を独立した設計会社が行い、それを第三者が検証する仕組みが確立しているが、E&Mや車両では、そのような仕組みがないので、RAMS規格によ

＊5　IEC62278 RAMS規格は、信頼性、アベイラビィティ、保全性および安全性を証明（Demonstrate）する手順を規定しており、規格に基づいて作成した計画書あるいは報告書の認証方法は、請負者が鉄道当局と協議して決める。

る認証*5や、認証専門機関による認証が要求されている。請負者がいくら安全であると説明しても、第三者の確認がなければ、発注者も安心できない。

3）設計、製作および施工プログラム（Design, Manufacturing and Installation Program）

上記の初期作業プログラムから、設計、製作または調達、施工または敷設の作業計画を抽出して記載する。設計承認については先に述べたが、製作および施工においては、品質管理のための試験、評価、公的機関による認証等も必要とされる場合が多いので、それらも作業計画に含める。ただし、初期段階で全てを網羅することは実務上困難であるので、最初に提出するプログラムでは概略プログラムと基本的な考え方を述べるに留まり、再提出時までに内容を確定することになる。もちろん、実行段階で変更があるので、変更の都度、変更したものを提出する。

(2) 価格分析（Price Analysis）

EPC契約は総価契約であるので、請負者は入札時に価格内訳書を提出している。しかしながら、プロジェクト実行中の設計変更やバリューエンジニアリングなどの各種事態に備えるため、開始後28日以内に価格分析を提出する。価格分析は個々の機器や材料単価を示すもので、BOQに沿ったものとなる。バリューエンジニアリングとは、性能を維持しつつ構造や材質の変更による価格低減を請負者が提案するものであり、契約書に規定している。

(3) プロジェクト管理計画（Project Management Plans）

プロジェクト管理計画は次の４つの管理計画グループの総称であり、それぞれの管理計画を個別に作成することとなる。

1）請負者プロジェクト管理計画（Contractor's Project Management Plan）

プロジェクト管理計画の基本であり、組織、管理体制、作業遂行方法を記述する。

各作業段階における他の請負者とのインターフェース、請負者組織内（元請け、下請け、国内事業所）のインターフェース、関連公的機関とのインターフェースをどのように実施するかを記述する。

組織図、スタッフ名、連絡先住所、電話番号およびメールアドレスも必要である。

主要ポスト構成員の資格要件、業務経歴、プロジェクトマネジャーからの権限委譲範囲も記す。プロジェクトの組織は日本流ではなく、欧米流で構成されることに注意してほしい。日本流は、組織規程でそれぞれの組織の業務範囲を規定するが、組織内の個々の構成人の職務内容はあいまいになっている。欧米流の組織は、個人の職務内容が職務指示書（Job Description）で明示され、上司、部下の関係も職務指示書に明記される。したがって、職務指示書にプロジェクトマネジャーからの権限委譲範囲も明記される。プロジェクト管理計画に記述すべき主な事項は次の通りであるが、プロジェクトの性格によって、内容を見直すことになる。

a) 文書の種類ごとに文書の起草者、チェック者、関連部門あるいは担当者のチェックの要否、当該部門の承認者、品質管理者による承認の要否など
b) 品質監査手続き、従事者の責任範囲、文書に係わる更新履歴追跡方法、文書記録、文書管理方法、文書修正記録管理方法、下請け評価
c) 文書作成、校正、内部承認、顧客による審査、配布、実施および変更記録の手順
d) 品質管理計画に基づいた下請けの評価、選定、作業従事、監理、モニター方法

  e) 定期的な品質計画の審査および見直しの手順
  f) 施工、保守に使用する器材および測定器の管理、定期的校正の手順
2) インターフェース管理計画（Interface Management Plan）

 インターフェースは、異なる契約パッケージの請負者間、同じパッケージ内のサブシステム間、外部公的機関との間の3種類ある。

 異なる契約パッケージ請負者間のインターフェースについて、入札図書に記載している内容の確認を行う。入札図書には包括的に記述していることもあるので、個々の事項毎に明確にする。請負者間の解釈が異なっている場合には、関連する請負者および発注者（代理人）間で協議して、インターフェースを確定させる。

 サブシステム間のインターフェースは、請負者内の問題であるが、請負者内の利害関係者、すなわちJV構成メンバー、元請け、下請け間の業務分担を明確にする意味がある。例えば、車両に搭載する信号・通信機器、駅に設置される機器（信号、通信、自動改札等）の電源の供給、取付、試験の分担を決める。

 外部公的機関とのインターフェースでは、電力会社、電波監理局、警察、消防等との間で決めなければならない事項をリストアップし、何時までにどのように決めるかを記述する。

 インターフェース管理計画は、開始日後30日または60日以内に概要を提出し、その後に関連する他パッケージ請負者および外部公的機関との折衝を経て、最終化したものを提出する。個々の項目については関係者間の合意を得た詳細インターフェース文書を別途提出する。

3) システムインテグレーション管理計画（System Integration Management Plan）

鉄道システムを全体としてまとめることをシステムインテグレーションという。3.6に述べたように、日本国内ではこの役割を、発注者である鉄道事業者あるいは鉄道・運輸機構が担っている。すなわち、発注以前に、土木、建築、軌道、電力、信号、通信等のインターフェースを含めたそれぞれの仕様を決めているので、各サブシステムの請負者は発注仕様書に基づいて設計、製作および施工を行えばよい。しかし、海外案件では、発注者側で詳細設計を行うことは稀であり、発注者側にシステムインテグレーションを行う力はない。これら請負者に丸投げする形をとる。

請負者は、システムインテグレーションをどのように行うかを説明しなければならない。システムインテグレーター、主任設計者、各サブシステムの設計者、品質管理者等の役割分担、上記インターフェース管理計画に基づく管理体制、設計検証、施工および完成検査における確認方法等々の詳細を述べる必要がある。EMCや組合試験方法および受入基準等は別に作成するシステム保証計画の一部であるEMC管理計画、試験および完成検査管理計画に更なる詳細を記述することになるので、その関連も明記する。

4）認証管理計画（Certification Management Plan）

設計、材料調達、製作および施工の各段階で入札図書および現地の法令に基づいて、発注者による認証、第三者認証あるいは公的機関による認証が要求されるので、それらをリストアップし、どのような体制と方法で認証を得るかを説明する。

(4) システム保証計画（System Assurance Plans）

システム保証計画は次の4つの計画グループの総称であり、それぞれの計画を個別に作成することとなる。請負者の品質

管理システムはISO 9001[*6]とISO 10007[*7]の2つの規格を基本として構成することが要求されている。ISO 9001については、既に一般的に使用されているので、説明を省略する。ISO10007は馴染みが薄いが、設計コンセプト段階から廃棄まで製品の一貫性を保証するものである。すなわち、設計、製造、使用（部品交換、技術革新による変更）の各段階で、初期の設計から変化しても、要求仕様を満たすようにする活動を「形態管理」あるいは「構成管理」などという。鉄道システムのように設計寿命が30年以上に及ぶものでは、形態管理が重要となる。詳細はISO 10007を参照されたい。

それぞれの計画は相互に関連付けられ、全体として請負者のプロジェクトの品質管理システムを保証するものとなる。請負者の提案する方法（Method）、手順（Process）、手続き（Procedure）、組織、活動順序等を包含して記述され、要求事項に適合することを示すことが求められる。

国内のプロジェクトであれば、発注者は請負者がISO 9001やJISの認証を取得していることや、過去の受注実績等から請負者の品質管理体制や能力を予め検証することができるが、海外案件では、当該プロジェクトのみの一発勝負であり、失敗したときに回復することが難しい。場合によっては、請負者が逃げ出して、発注者が多大な損害を被ることが想定される。そのようなリスクを避けるため、請負者の品質管理体制を文書によって確認し、定期的に品質管理体制を監査することによって、望む品質のものが得られるようにしている。

1）品質計画（Quality Plans）

　　品質関連図書は、業務遂行に係わる請負者、下請け、供給者、設計コンサルタンツを全て含むことが要求され

[*6] 品質管理要求、Quality Management System — Requirements
[*7] 品質管理システム―形態管理指針、Quality management systems - Guidelines for configuration management

ている。品質マニュアル、プロジェクト品質計画、プロジェクト品質手順、作業指示および書類の様式を作成することが要求されている。これらは、請負者の活動全般に適用され、業務遂行のための規程類となる。

個別の品質管理図書として、設計品質計画、現場作業品質計画、製造品質計画、検査および試験計画等を別途提出することが要求されている。これらについては、初期段階（開始日後60日以内）ではなく、設計や製造が実施段階に入る前に提出することが要求されるので、後述する。

いずれかの図書に変更があれば、直ちに変更したものを提出する必要がある。これは、実際の活動において、品質管理に係わる手順や規則に変更があれば、それを発注者に通知するとともに、請負者の作業内容も変更することを意味している。

品質マニュアルは、請負者の品質管理方針を述べたものであり、ISO 9001およびISO 10007に基づいた品質管理システムを導入してプロジェクトの品質管理を行うことを明記する。請負者が単独企業の場合には、請負者の社内の品質管理マニュアルを必要な部分のみ修正して使用することも可能であろうが、JVの場合には、新規にマニュアルを作ることとなる。

プロジェクト品質計画は、請負者の管理組織および実行作業の品質を規定し、品質管理責任者（Quality Manager）の指定、請負者の管理組織、JV構成員と下請けの関連、品質管理に係わる全ての組織のインターフェース、設計および現場管理に従事する技術スタッフの業務責任範囲、品質図書の階層構成、個々の図書の管理責任者を詳細に記述することが求められている。

プロジェクト品質手順、作業指示および書類の様式は、ISO 9001およびISO10007の規定に沿った、図書作成、

チェック、承認等の手続きのマニュアルともいえる。契約に定められた特定の品質図書は、作成から承認までの流れに沿って、それぞれの担当者名、職務、チェックの様式などが含まれる。同時に、各段階における記録および証拠書類の保存の手続きを規定することも必要である。

プロジェクト品質手順の全リストに含まれるものには次のものが挙げられる。ただし、これが全てではなく、プロジェクトの性格に対応して必要と思われるものを追加する。

a) 継続性と効率性を確実にする品質システム図書の審査、承認および更新手続き
b) 下請け請負者[*8]および下請けコンサルタントによるものを含む全ての最終的工事もしくは臨時工事の設計管理（Design control）手続き。審査、検証または独立検査技師による証明および設計の確認手順の明確な規定化を含む
c) 作成、承認、更新、改訂、保管および配布を含む主事務所および現場事務所における図面管理（Drawing Management）
d) 登録、更新、索引付け、ファイリング、改訂、保管および配布を含むプロジェクト文書
e) 作業プログラムに沿った提出および作業品質についての下請け請負者の監視および管理
f) 代理人への提出および再提出の監視
g) 資材、プラントおよび機器の発注および配送
h) 工事の品質管理
i) 請負者および各段階における下請け請負者の品質監査

[*8] Subcontractor、1次下請け、2次下請け等の全ての下請け業者を含む。

j） 契約に基づく記録担当者の確立及び維持
2） 安全計画（Safety Plans）

　プロジェクト全体の安全計画を記述する。範囲が広く漠然としているが、初期段階では、ハザード分析によって安全に係わる課題を絞り込むこと、設計、製造、施工および検査・試験の各段階における安全上の課題を挙げるとともに、E&M や車両の工場製作については、各工場、下請けあるいは供給者の安全規則が整っていることを証明する文書を添付することで全体の安全に対する請負者の考え方を示す。何時までにどの種類のハザード分析を行って、各段階の作業内容に反映させるハザード分析の予定表を明示する。

　現場作業の安全衛生については JICA の指針もあり、それらを参考にして安全衛生計画を作成する。この場合、現地国の法令による安全衛生規制も漏れなく明記する。

3） EMC 計画（EMC Plan）

　電気鉄道は本質的に、列車の走行に伴って電磁波を外部に放散する。電磁波が鉄道システム内の車両、信号、通信、電力等の各サブシステム相互に悪影響を及ぼさないこと、沿線の住宅、病院などに設置されている機器に悪影響を及ぼさないこと、受電変電所を通じて電力送電網に悪影響を及ぼさないことがシステム設計の基本である。このため、IEC 規格などに基づいて、設計、製造および試験・検査の各段階で規格を満たしているか否か、実際の影響がどの程度となるかを検証・確認しなければならない。

　この検証・確認手順を IEC 規格、現地国内規格等に沿って詳細に記述するものが EMC 計画である。鉄道システム全体の記述に留まらず、各サブシステムについて記述する必要がある。

4）ソフトウエア品質保証計画（Software Quality Assurance Plan）

　管理システム、サブシステム、機器の制御等に多くのソフトウエアが使われており、ソフトウエアに寿命があり、ソフトウエアが使えなくなれば、鉄道システム全体の機能に影響を及ぼす。ウィンドウズのバージョン変更およびサポート中止で大きな騒ぎとなったことは記憶に新しい。市販のソフトウエアであれば、その供給元が必要なサポートおよび代替ソフトウエアの提供を行うことが期待されるが、専用ソフトウエアのサポートは請負者の責任で行わなければならない。その担保として、ソフトウエア品質保証計画を提出する。前述の形態管理も含まれる。

　プロジェクトの完成までの期間が長ければ、実行中にソフトウエアの変更も起こり得るので、その対策も記述する。

　自動出改札システムは多くのソフトウエアから構成されており、ICカードのような媒体も技術の進歩により規格や仕様が短期間で変更される。このようなシステムでは、更新のサイクルが7年程度と短く、導入後5年目から次のシステムの設計を開始し、7年目に更新することも行われる。券売機や自動改札機本体のハードウエアは長く使えるが、中身のソフトウエアは比較的短期間で更新されるので、システム改修計画も予め織り込む必要がある。

　鉄道システムの重要なソフトウエアあるいはデータベースは、請負者が倒産した場合に、アフターケアが行えない事態も想定し、第三者にデータ保管を委託することも要求されている。

(5)　設計、調達および製造計画（Design, Procurement and Manufacturing Plan)

初期段階では、基本的考えを説明するにとどまり、詳細はそれぞれの作業開始前に提出する。

1) 設計計画（Design Plan）
2) 設計検証および確認計画（Design Verification and Validation Plan）
3) 工場受入試験計画（Factory Acceptance Testing Plan）
4) 調達、製造および配送計画（Procurement, Manufacturing and Delivery Plan）

(5) 施工管理計画

初期段階では、基本的考えを説明するにとどまり、詳細はそれぞれの作業開始前に提出する。

1) 施工計画（Construction and Installation Plan）
2) 安全衛生図書（Health and Safety Documentation）
3) 環境品質管理計画（Environmental Qualities Management Plan）
4) 環境影響緩和実施工程（Environmental Mitigation Implementation Schedule）

(6) 完成管理計画（Completion Management Plan）

初期段階では、基本的考えを説明するにとどまり、詳細はそれぞれの作業開始前に提出する。

1) 完成検査計画（Commissioning Plan）
2) 運転および保守マニュアル計画（Operation and Maintenance Manuals Plan）
3) 訓練計画（Training Plan）
4) 予備品および消耗品管理計画（Spare Parts and Consumables Management Plan）
5) 瑕疵修補管理計画（Defects Liability Management Plan）

4.5　初期設計書（Inception Design）

開始日から45日以内に初期設計書を提出する。初期設計書の目的

は、各サブシステム設計方針の確認であり、入札提案書に付した技術提案書をベースに、契約交渉で追加あるいは変更された事項を反映し、要求事項に適合していることを確認する。サブシステム毎に作成し、適合表（Compliance Matrix）を添付することが望ましい。

代理人も入札図書作成を担当したコンサルタントと異なる場合もあるので、代理人および請負者間で要求事項、すなわち、工事施工範囲、他の契約パッケージとの境界条件、他のサブシステムとの境界条件、システム構成、性能、仕様、製造・施工方法、検査・試験方法が要求事項に適合していることの確認を行う。

プロジェクト実行段階で、請負者側の設計担当が入札時から変わっていることもあるので、設計の継続性が保たれているかに注意を払う必要がある。

初期設計書の作成と並行して、設計関連文書の作成も進める。ハザード分析、EMC計画、RAMS計画は設計条件を与えるものであり、次の段階の詳細設計書作成までに完成させることが望まれる。同時に、電波監理局、電力会社等の公的機関との折衝も始める必要がある。例えば、信号、通信および自動出改札システムで使用する電波の周波数割当を受けなければ、それらのシステムの設計ができない。電力会社とは受電変電所の受電条件を確定させるとともに、受電電力デマンド（電力料金に関連）も確定させる。消防当局とは防災計画の協議を行い、駅や変電所の構造、設備および防災施設等の設計条件を確定させる。これらの作業計画は予定表として代理人に提出される。

入札時に提出した予備品リスト、保守用器材リストも見直す。

4.6　詳細設計書（Technical Design）

初期設計を発展させて詳細設計書をサブシステム毎に作成する。詳細設計には次の項目が含まれる。

　a)　全ての適用規格のリスト
　b)　計算書および分析結果

c） 全ての主要な要素および関連要素
d） 試験および試行方法
e） 材料および機器の選定
f） 製造、施工および敷設方法とその影響
g） 契約書に適合する設計を完成させるに必要な調査、研究および試験

　詳細設計書は、文書と図面から構成する。文書には、設計思想、設計方針、設計の前提条件、適用規格、設計検証方法、設計確認方法、システム構成、性能、仕様、製造・施工方法、検査・試験方法を記述する。

　日本国内であれば、設計および技術基準は国土交通省令あるいは関連法令に規定されているので、それらのどの条項を適用するかを明記すれば、基本的には受け入れ可能である。しかしながら、海外案件では、相手国にそのような設計・技術基準が完備されていないことが多く、EPC契約では、請負者自身が設計、施工の妥当性を文書で証明しなければならない。実はこの証明作業が日本企業の苦手とするところである。日本国内であれば、システム設計は発注者が行い、技術基準と適合しているか否かの確認も発注者が行うので、請負者は発注仕様書に基づいて設計、製造および施工を行えばよい。施工後の竣工検査も国土交通省あるいは発注者が行うので、請負者は、システム設計はおろか証明作業を行う必要がない。

　海外案件で請負者に要求されるのは、入札図書に記載されている要求事項を的確に読み解き、いくつかの選択肢の中から最適と考えられるものを提案する能力である。日本国内でこのような経験がないままで、海外案件に取組むことには大きな問題をはらんでおり、担当者に対する事前教育あるいはサポート体制を整備しなければならない。準備運動をせずにいきなりプールに飛び込んで競泳に参加するようなものである。入札提案書あるいは初期設計書までは何とか漕ぎ着けたとしても、詳細設計の段階で大きな困難に直面することになる。

4.6.1 設計思想および設計方針

入札図書には基本的事項、性能要求、設計寿命、信頼性要求事項等が記載されており、それをどのように解釈して、設計書に展開するかが課題である。

海外プロジェクトは実績のあるものを採用することが前提であり、プロジェクトの円滑な実行と故障等のトラブルを回避するため、試作的要素は極力排除しなければならない。

設計思想あるいは設計方針として述べなければならないことは、(1)他のプロジェクトで実績が証明されている設計、製造方法を採用すること、(2)仕様書の要求事項を満たす方法論である。合わせて、いくつかの選択肢の中から提案した構造、材質および製造方法を採用するのが最適であることを説明する。設計寿命および信頼性要求に対しては、実績を証明する資料の提示と合わせて、このプロジェクトの特異性に合わせてオリジナルのものから設計変更を行う場合には、変更内容が妥当であること、検証方法は別途説明することを述べる。保守についても、実績のある保守方法あるいは現地の状況に対応した方法、将来の部品交換、大規模修繕に対応する方法も提案する。特に、現地の気候条件、使用条件および補修部品の調達可能性についての考察も欠かせない。

プロジェクトによっては、現地生産化も要求されるので、それにどのように答えるかも記述する。

4.6.2 設計の前提条件

入札図書に記載されている要求事項を漏れなく確認する。当該サブシステムの個別要求事項のみではなく、一般要求事項や他のサブシステムの個別要求事項ならびに現地の法令も確認する。

入札図書には明記されていないが、ハザード分析、EMC計画およびRAMS計画でピックアップされた項目も設計条件に含める。

インターフェースに係わる設計条件も明記する。この場合、他契約パッケージ請負者あるいは公的機関との議事録や確認書も設計条

件確定の資料として添付する。機器設置場所のスペース、環境条件、床の耐荷重、配線・配管ルート、電力デマンド、接地方法等の土木・建築とのインターフェースは設計の初期段階で押さえる必要がある。また、運営保守事業者が既に設立されている場合には、運転保守に係わる事項について当該事業者と協議した結果を記述する。当該事業者が設立されておらず、協議ができない場合には、運転保守に係わる設計条件をこれまでの経験から仮定し、その内容を明記し、後日運営保守事業者が設立されたときに、設計条件として確認する。変更がある場合には設計変更として処理する。

全ての要求事項をリストアップし、それぞれの関連を整理し、設計条件として取りまとめる。

4.6.3 適用規格

設計、施工に適用する規格を国際規格とするか、日本工業標準（JIS）とするかが問題となる。適用規格の基本は入札図書に明記されていることが多いが、個別詳細の規格としていずれを採用するか、あるいは入札図書記載の規格からの変更について、設計書提出前に発注者および代理人に提案することが望ましい。適用規格について、詳細設計に先だって、関連公的機関の承認を得ることも要求される。

国際規格としては、国際標準機構（ISO）および国際電気標準委員会（IEC）規格があるが、ヨーロッパ規格（EN、European Norm）、米国の電気電子技術者協会（IEEE、Institution of Electrical and Electronic Engineer）規格等も国際規格として取り扱われることが多い。JISは和文のままではプロジェクトで使用するには適していないので、英文[*9]が使われる。しかし、JISはシステム全体を規定するものが少なく、製造方案はそれぞれの企業の社内規程に留まり、規格化されていないので、IECやENを使用せざるを得ない場合が多い。

[*9] JISの原文は和文であるが、このままでは国際的に認知されないので、鉄道関係では台湾高速鉄道の時期から英訳が進められ、日本規格協会から出版されている。

鉄道施設の設計基準としては、日本国内では国土交通省および鉄道総合技術研究所が作成した鉄道構造物等設計標準が使用されているが、海外では米国高速道路規格（AASHTO、American Association of State Highway and Transportation Officials）などが使用されている。

4.6.4　システム構成

鉄道システムは軌道、車両、電力、電車線、信号および通信などのサブシステムから構成されており、それらをどのように組み合わせるかの基本方針およびインターフェースは、前述のシステムインテグレーション管理計画およびインターフェース管理計画で述べたものと整合をとる。

サブシステムは、機器や部品から構成されるので、システム構成と構成機器それぞれの機能あるいは仕様を明確にする。冗長系、保護システムなどもシステム構成に含め、安全性、信頼性、アベイラビリティなどの要求条件を満たしていることを示す。合わせて、鉄道システムとして使用条件に適合していることも述べる必要がある。個々のサブシステムのシステム構成の課題は第5章を参照されたい。

4.6.5　設計検証・確認方法

検証（Verification）は、サブシステム全体およびそれを構成する機器や部品の性能、機能および仕様選定が妥当であることを設計段階で立証する。確認（Validation）は設計・製造を通じて機能・仕様が適合していることを立証する。EMC計画やRAMS計画も検証・確認の一部であり、全体の検証・確認対象および方法は検証・確認計画として別途提出が要求される。発注者としては最終製品の確認だけでは不十分であり、場合によっては手遅れとなることもあるので、設計・製造の前からどのように要求事項を満たすものが計画されるかを確認したいとの意図である。

検証・確認方法としては、例えば次の11の方法が挙げられ、いくつかを組み合わせて、請負者が発注者の要求事項を満たす活動を行

うことを立証する。ソフトウエアについては、ここで述べた手法で立証することは難しいので、前述のソフトウエア品質保証計画の記述と合わせて、IEC規格に基づくソフトウエア審査方法あるいはソフトウエア作成者の資格認証を明確にすることによって、ソフトウエアの品質を保証する。

マン・マシンインターフェースに係わるもの、例えば、車両の運転台、自動券売機などでは、実物大のモックアップによる設計確認も要求される。

(1) 他のプロジェクトで実績のある類似な製品あるいはシステム
(2) 多くの前例がある実証された手法
(3) 計算および図面による検証
(4) 設計審査
(5) 実物大モックアップによる検証
(6) 機器および材料の性能試験
(7) 完成品または組立品の型式試験
(8) 完成品または組立品のルーチン試験
(9) 初物検査（First Article Inspection、FAI）
(10) 完成検査
(11) 契約書に規定された営業時の評価

4.6.6 性能および仕様

サブシステム全体の機能と性能を確定させ、サブシステムを構成する機器および部品の機能、性能および仕様を決める。

気象条件、負荷条件、耐久性、設計寿命、安全性（施工および使用時）、法令への適合、保守性などを考慮する必要がある。

気象条件は、入札図書の要求事項に現地の気温や湿度の条件が記載されていても、それを鵜呑みにすることはできない。機器を設置する機器室内、高架橋、トンネルおよび車両の環境条件は異なる。請負者の他のプロジェクトで得た知見を基に設計のための環境条件を選定する。また、防塵・防滴などの条件も追加する必要がある。

これらについては、IEC60721 環境条件等級（Classification of environmental conditions）や IEC60529 防塵等級（Degrees of protection provided by enclosures（IP Code））を参照していずれの等級を適用するかを決める。高温多湿の地域では、結露試験を要求されることもある。

安全性に関する設計条件は、ハザード分析の結果との整合性も要求される。

現地の法令はきめ細かく調査し、法令の要求事項を満たすことが必要である。火災対策、労働安全法令への適合審査は、鉄道プロジェクトの担当部局とは別であるので、事前の確認が重要となる。

保守性は、別途保守計画が要求される場合には、それとの整合性が要求される。定期検査で検査すべき機器および部品、交換のし易さ、補修部品の入手方法、更新時期および更新方法も設計条件の一部として考察する。

4.6.7　製造方法

前述の設計、調達および製造計画に記述されるので、元請けあるいは下請けによる製造品について、製造方法を記述する。製造方法についても、品質管理計画とリンクしているので、製造方案、初物検査方法、サンプリング検査方法、製造にかかわる資格（例えば溶接作業資格）などについて、関連規格を含めて詳細に記述する必要がある。

各社のノウハウの開示までは要求されないが、品質管理に係わる手順は明確にする必要がある。

4.6.8　施工・敷設方法

初期作業プログラムおよび詳細作業プログラムに施工・敷設方法を述べるとともに、ここでは設計に係わる条件を記述する。インターフェースの協議結果も反映した各パッケージ間の詳細インターフェース図書を添付することが求められる。

軌道や電車線のように施工の占める割合の高いものでは、施工方

法により設計条件が変わる。

4.6.9 検査・試験方法

設計検証・確認の一部であり、個々の機器毎に設計、製造、施工・敷設の各段階で必要な検査および試験方法を記述する。

4.6.10 図面

図面は、CAD（Computer Aided Design）で作成し、ハードコピーだけではなくソフトデータの提出も要求される。契約書に、CADのソフトウエアの種類とバージョンが規定される。図面番号および図枠の詳細が規定されないこともあるので、詳細については、請負者が発注者に提案して合意を得る必要がある。

4.6.11 数量表

システム構成および図面から機器、部品および材料（コンクリート、鉄筋、ケーブル等）を拾い出し、数量表（BOQ）を作成する。これは先に提出された価格分析と突き合わせされるので、必要に応じて価格分析も見直す。

BOQの一部あるいは別個のものとして予備品リスト、消耗品リストおよび保守用器材リストも見直して再提出する。

4.6.12 作業プログラム

インターフェースを含む設計の進捗により初期作業プログラムを見直し、詳細作業プログラムを作成する。

詳細作業プログラムは、設計、調達、製造、施工・敷設、検査・試験の作業を細分化して、それぞれの順序も明確にして作成する。すなわち作業Aが終わらなければ作業Bを着手できないなどの制約をプログラムに表現する。同時にクリティカルパス分析を行い、クリティカルパスに係わる作業が遅れた場合にどのような対策を採るかも記述する。作業プログラムの基礎データとして。個々の作業

に要する要員数、時間および主要器材も明記し、作業遅延時の対策策定に資する。

個々の作業の基礎データが整えば、工区割もはっきりする。すなわち、全長数十kmに及ぶプロジェクトを一個所から施工することは時間がかかり全体の工期を守ることはできない。土木・建築工事の工程を勘案し、工区を数分割して、数箇所から同時に着工することが一般的である。その場合、工事の発進基地を何処に設けるか、資器材を何処に保管するかも検討課題となる。発注者や土木・建築請負者と協議して、それらを具体化する。工期が遅れれば、工区の再分割も必要となる。

詳細作業プログラムは、請負者のみならず、発注者の管理資料としても使われる。

作業プログラムは固定したものではなく、時々刻々の変化に対応して見直される。そのため、3ヵ月単位あるいは5週間単位のローリングプログラムが作成され、作業遅延に対しては回復のために必要な対策を記述する。

4.7 施工設計 (Construction/Installation Design)

施工・敷設のための設計であり、詳細設計を発展させたものである。車両は施工設計に該当するものはない。施工設計図書の一部として詳細なインターフェース文書（同意書、共同作成図面）も添付される。

土木・建築とのインターフェース協議結果に基づき、機器の基礎、機器取付、配管図、ケーブル敷設図等を作成する。特に火災対策、水対策（雨水、浸水）、感電防止には注意を払う必要がある。

4.8 竣工図書 (As-Built Documents)

竣工図面、設計図書、形態管理図書および運転・保守マニュアル等であり、後の保守および大規模改修に使われる。

4.8.1 竣工図面および設計図書

竣工図面は文字通り工事完成後の状態を示す図面であり、詳細設計および施工設計を発展させたものである。設計図書は、それぞれのサブシステムの設計条件、計算書、インターフェース文書から構成される。

4.8.2 形態管理図書

機器、部品およびソフトウエアについて、詳細に形態管理の方法を記述する。

4.8.3 運転・保守マニュアル（Operation and Maintenance Manual）

運営保守事業者の要員の教育訓練に使用する。プロジェクトの完成から逆算して、教育訓練開始時期前までに準備する。どのようなマニュアルを用意するかは事前に計画を作成し、発注者、代理人および運営保守事業者の合意を得る。基本的には英語版を作製し、現地語に翻訳することとなる。

運転・保守マニュアルは、教育訓練計画と表裏一体であるので、教育訓練計画も同時並行で策定する必要がある。

運転マニュアルは機器の取扱説明書であり、列車運転取扱、安全規則、駅員の業務マニュアル等は運営保守事業者自身が作成する。

保守マニュアルは、定期検査の種類、点検項目、検査方法および基準、機器着脱方法、機器分解組立方法、定期交換部品、故障発生時の発見方法、応急処置方法などを記載する。日本の保守体系を採用するとは限らないので、相手国の事情に合わせたものに改編する必要がある。

4.8.4 予備品および部品カタログ

予備品は、繰り返し修繕して使用可能なものと定義され、財産として管理されるので、消耗品とは区別される。保守契約が締結されているならば、保守契約終了時に予備品は使用可能な状態で請負者

から発注者または運営保守事業者に引き渡される。予備品が故障していたり、部品が欠けていたりした場合には、修繕あるいは部品補充により予備品が正常に機能するように復旧する必要がある。

サブシステム毎に提出された予備品リストは財産目録でもある。

予備品および部品カタログは、予備品および部品の仕様書・図面であるとともに、将来補修用部品が必要となった場合に、発注者もしくは運営保守事業者が調達するために使用する。したがって、形態管理も要求されている。

4.8.5 消耗品カタログ

消耗品は頻繁に交換あるいは補充されるものであり、発注者もしくは運営保守事業者が調達するためにカタログを使用する。逆にいえば、カタログに掲載されていないものあるいはカタログの仕様に適合しない消耗品を使用した場合には、その品質あるいはサブシステムの機能、性能および寿命について請負者は責任を負えないという意思表示でもある。一方、形態管理とも関連するが、供給者が当該製品の供給を停止して、代替品を供給するようになった場合には、請負者は速やかに発注者に通告する必要がある。

4.9 検査および試験（Testing and Commissioning）

設置された各サブシステムの機器、部品およびソフトウエアが要求事項を満たすか否か、寸法測定、機能確認試験、性能確認試験がいくつかの段階で行われる。サブシステム毎の検査・試験が完了すれば、システム全体の機能および性能確認試験を行う。請負者は検査・試験成績書を作成し、発注者および代理人の審査を求める。NONOと安全認証が得られれば、請負者から発注者に設備が引き渡される。

4.10 安全認証

上記と並行して、公的機関による安全認証のための確認が行われ

る。安全認証の方法は各国によって異なるので、プロジェクト開始前に関係個所の合意を得て決めることが望ましい。

日本国内は国土交通省による安全認証が行われるが、海外では公的機関による認証あるいは安全認証機関による認証が行われる。

詳しくは第11章を参照されたい。

4.11 教育訓練

請負者は教育訓練計画を提出して、発注者の同意を得て、教育訓練を実施する。教育訓練計画には、職種別に教育訓練の対象者、資格、人数、使用器材、期間、教育訓練終了後の能力検定の判定基準を記載する。

現地スタッフの英語能力および理解能力を考慮して2ないし3段階での教育訓練が計画される。例えば、第1段階はシニアあるいは指導者クラスを対象とした請負者インストラクターによる教育訓練、第2段階はフォアマンクラスを対象とした請負者インストラクターおよび第1段階修了の指導者クラスによる教育訓練、第3段階は一般作業者を対象とした指導者クラスおよびフォアマンクラスによる教育訓練の3つにわける。2段階とすることも考えられる。また、座学だけではなく、実務訓練も組み合わせ、全体工程および採用可能なスタッフの能力を勘案して、計画することになる。

4.12 試行（Trial Runs）

設備が完成し、検査および試験もパスし、必要なスタッフの教育が完了すれば、営業時刻表と同じ列車運行を含めた試行を数箇月行い、問題がなければ、営業運転開始の運びとなる。試行中に無賃で招待客による試乗も行われる。

試行は請負者から発注者に設備が引き渡された後に、発注者が実施する。試行に係わる経費は発注者あるいは運営保守事業者が負担し、請負者は立会い、納入したシステムおよび設備に起因するトラブルが発生した場合には、修復する。

第5章　技術基準

技術基準あるいは建設基準は鉄道の基本構造を決めるものであって、それぞれの国や鉄道によって様々な基準が採用されている。相手国の既存の基準を採用する場合を除いて、いずれの基準を採用するかが課題となる。日本のODAで建設するものであれば、コンサルタントも請負者も日系企業であるので、実証された技術であること、将来における技術的サポートの容易さから、日本の技術基準で設計、施工することが望ましい。その観点から、日本の技術基準をベースに具体的適用方法について述べる。

土木・建築を含め鉄道システム全体に共通のものについて述べる。

国土交通省が一般仕様書STRASYA（Standard for Urban Rail System for Asia[1]）として2004年に作成したものがある。JRの技術基準をベースにまとめたものであり、一時期日本のODAプロジェクトに採用された。しかしながら、仕様書あるいは技術基準としてそのまま使用するには課題があり、主要部分のみがそれぞれのプロジェクトの仕様書に反映されている。日本のODA案件といえども国際入札を行うことには変わりがないので、最近のODA案件の都市鉄道プロジェクトの技術仕様書は、発注者の要求および国際競争入札に必要な条件を具備するように、STRASYAの一部を採用し、極力JIS等の日本の技術を活かすように作成されることが多い。個々の技術的課題は後述する。

5.1 軌間と通行方向

軌間はゲージとも言い、2本のレールの内側の間隔[2]であり、

---

*1　General Specification for Standard Urban Rail System for Asia, 2004年、国土交通省
*2　正確にはレール頭頂部から14mm下の2本のレールの間隔

新幹線は1,435mmを、JR在来線は1,067mmを、公営鉄道や民鉄は1,435、1,372、1,067および726mmを採用している。海外ではこの他に、1,678、1,524および1,000mmなどの軌間がある。

海外のプロジェクトでいずれを採用するかが問題である。既存の鉄道との直通運転を前提とするのであれば、既存の鉄道と同じ軌間を採用する。しかし、既存のものとは独立した鉄道を建設するのであれば、選択肢は広がる。一般的には世界で標準的に使われている1,435mm（標準軌）を採用する。1,435mmよりも広い軌間を広軌、狭いものを狭軌という。車両の走行安定性の面からは軌間が広い方が有利であるが、建設費は高くなる。一方、狭軌では走行安定性は不利となるが、最小曲線半径が小さくでき、建設費を安くできる。しかし、この論議は以下に論じるように、都市鉄道においては成り立たない。

日本は狭軌鉄道が多いので、都市鉄道にも狭軌を採用している事例が多いが、世界的には標準軌が多数派を占めている。インドのデリーメトロの1,678mmは例外的存在である。

標準軌は、採用している鉄道が多いので、レールや分岐器、車両部品の調達が容易であること、様々な設計標準が使えることから新規プロジェクトに広く採用されている。

タイ・バンコクの都市鉄道プロジェクトにおいて、ODA案件を巡って標準軌と狭軌の論争があった。狭軌にすれば日本が優位になるとの判断が働いたものと思われるが、日本における広軌化論争を紐解くまでもなく、あえて狭軌とする理由は見当たらず、技術的に見て標準軌に軍配が上がっている。ベトナムの既存の鉄道は1m軌間であるが、新規に建設する鉄道は標準軌とすることを法律に明記している。したがって、ハノイやホーチミンの都市鉄道は標準軌で計画されている。

通行方向は、日本と英国は左側通行であるが、右側通行の国も多い。初期に英国の技術で建設したフランスやスペインなどの国は、幹線鉄道は左側通行となっているが、都市鉄道は道路に合わせて右

側通行としている。路面電車やLRTはもちろんのこと、地下鉄であってもホーム上の旅客の感覚に反する通行方向を採用すると事故のもととなる。パリやベルリンの地下鉄で思っているのと逆の方向から電車が進入し、驚いた経験のある方もいるであろう。パリのRER（高速地下鉄）やソウルの1号線は国鉄との直通運転を行うので、国鉄に合わせて左側通行としているが、その他のパリやソウルの地下鉄路線は右側通行である。したがって、通行方向は道路交通に合わせるのが基本と言える。

5.2　車両限界と建築限界

　車両限界と建築限界は、車両の断面積を大きくして旅客収容力を大きくしたい要求と土木構造物（トンネル断面積、高架橋の幅）を小さくしたい要求とのせめぎあいで決まる。各鉄道でバラバラなものを採用することは無駄が大きいので、標準的な車両限界と建築限界を採用する。車両限界は直線線路上の静止状態で定義され、車体幅でいえば、JRの3,000mmと東京メトロや大手私鉄の2,800mmが一つの標準と言えよう。建築限界は、車両限界に片側400mmあるいは200mmの空間を持たせたものである。車両の走行に伴い、振動、動揺および台車ばねのたわみ等により車両は車両限界の外に出る。過去の実測値と計算により、限界をはみ出す量を見積、それに余裕を加えて、車両限界と建築限界の隙間を東京メトロ等では200mmとし、JRは手足を出すことも考慮して400mmとしている。

　限界は、相手国で決まったものがあればそれを採用するか、そうでなければ、日本の標準的なものを採用することが望ましい。車両メーカーの生産ラインの問題もあるし、将来中古車を買いたいという要求にも答えることができる。

　車両限界については歴史的経過からいくつかの考え方がある。

　先に述べたSTRASYAに規定されている車両限界は旧国鉄の基礎限界である幅3,000mm、高さ4,100mm、パンタグラフ折畳高さ4,300mmとしている。さらにレール面上1,880〜3,150mmの範囲は

標識等が設置されることを考慮して車体幅3,200mm としている。しかしながら、後に述べるように、建築限界はプラットホーム高さをレール面上920mm としており、都市鉄道に一般的に採用されているプラットホーム高さ1,100mm とは矛盾する。

　国土交通省令第64条に対する解釈基準第4項は、旧国鉄の第二縮小限界[*3]を採用し、基礎限界に対し、レール面上330〜1,160mm までの部分を幅3,000mm ではなく2,850mm としている。これは明治以降車体幅を順次拡大してきた歴史から、プラットホームの改修が進んでいない状況に対応して、既存のプラットホームと車両との間隔50mm[*4]を確保するためである。したがって、JRの在来線車両は車体の裾の部分の幅を2,850mm 以下として、プラットホームとの間隔を確保している。美的見地からそのような設計としていると誤解している向きもあるが、実用上やむをえない処置として、車体の裾を絞っている。裾絞りなしのストレートな形状の方が製造コストも安く、床面積も拡大できる。車両の高さは4,100mm であり、パンタグラフ折畳高さ4,300mm としている。

　歴史的経緯により各社の車両限界の細部は異なるが、東京メトロおよび直通運転を行う大手民鉄の車両限界は、日本鉄道車両工業会規格「標準車両[*5]」によれば、幅2,800mm[*6]、高さ4,080mm、パンタグラフ折畳高さ4,150mm としている。

　このようにどの車両限界を採用するかで大きな違いが出てくる。

[*3] 日本国有鉄道構造規程および解説（案）昭和34年10月1日改訂版、日本国有鉄道建設規程調査委員会、P.106および P.107、第一縮小限界は電車運転をしない区間に適用され、プラットホームはレール面上330〜770mm については軌道中心から1,390mm 以上、車両の幅はレール面上355〜820mm は2,680mm、820〜1,160mm は2,850mm 以下、高さは4,020mm としている。第二縮小限界は電車運転をする区間に適用され、プラットホームはレール面上330〜1,110mm は軌道中心から1,475mm 以上、車両の幅はレール面上355〜1,160mm は2,850mm 以下、高さ（パンタグラフ折畳）は4,250mm としている。
[*4] 日本国有鉄道構造規程および解説（案）P.108
[*5] 日本鉄道車輌工業会規格 JRIS R1001、2008年7月
[*6] 標識灯や雨樋の張り出しを考慮した最大幅は2,830mm

車両の収容力（最大乗車人員）をなるべく大きくするためには、STRASYAが最も適しており、JR在来線の裾絞りの限界を新線から採用することには合理性がない。東京メトロ等の車体幅2,830mmも中古車購入を考慮すると魅力的であるが、大は小を兼ねるとの考えからSTRASYAの幅3,000mmを選択することになる。発注者が2,800mmに合意すれば、話は別である。

パンタグラフ折畳高さはトンネルの大きさに関係するので、4,300mmではなく、直流区間限定で4,150mm[*7]とすることが望ましい。車両の長さは長ければ長いほど車両の収容力が増えるが、車両メーカーの製造ライン、JRや地下鉄等の実績を考慮して20m[*8]とすることが望ましい。

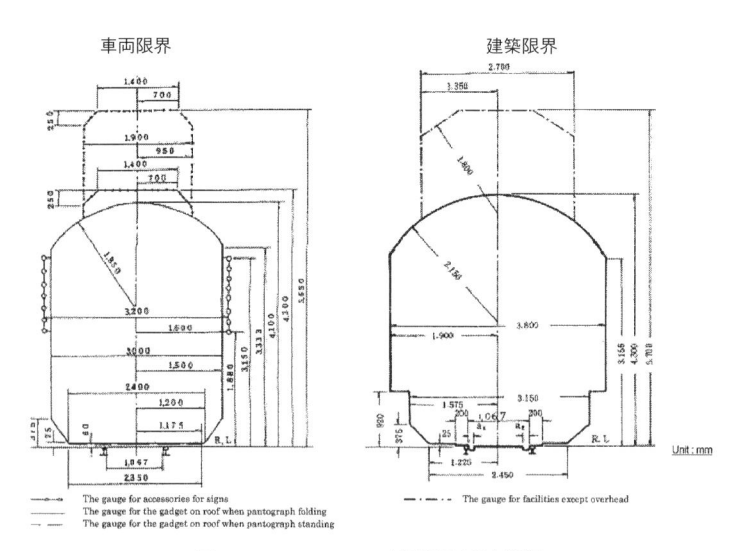

図5-1　STRASYAの車両限界と建築限界
—日本鉄道技術協力協会作成STRASYAから転載—

[*7]　直流1,500V区間は交流25kV区間よりも絶縁離隔を小さくできるので、4,300mmを4,150mmとしている。
[*8]　連結器を含む。実際の車体の長さは19.5m

建築限界は車両限界に一定の幅を加えて規定する。

STRASYA の建築限界は上述のように旧国鉄の基礎限界を採用しており、JR 在来線の建築限界は、基本的に幅方向で車両限界に片側400mm を加えて規定しており、STRASYA もそれに準じて、プラットホーム（レール面上920mm）より下は片側75mm の隙間を設けている。プラットホーム高さ1,100mm には対応しておらず、プラットホーム部分のみ隙間を50mm とする規定もない。

国土交通省令の解釈基準は、旧国鉄第二縮小限界と同じ、プラットホームに重なる部分（レール面上355〜1,110mm）は車両限界幅2,850mm に片側75mm を加え、プラットホーム部分のみ隙間を50mm[9]とし、それ以上の高さは車両限界に400mm を加えている。

東京メトロの建築限界は車両限界に片側200mm を加えたものであり、プラットホームに対応してレール面上1,100mm 以下は車両限界との隙間を50mm 以上としている。このように建築限界を小さくすることによってトンネルの工事費も安くできる。

いずれの建築限界を採用するか意見が分かれるが、都市鉄道ではメトロ方式を推奨したい。車両の走行中の振動および動揺を考慮した動的挙動範囲[10]（Dynamic Envelop）は個々の車両の仕様から計算されるが、一つの例としてパンタグラフ上面での左右移動量32mm[11]の値が採用されており、車体上部の左右移動量はそれ以下となるので、車両限界と建築限界の隙間200mm は十分に余裕がある。STRASYA や国土交通省令解釈基準では、窓から手や足を出すことを想定して400mm の隙間を設けているので、トンネルの多い都市鉄道では過剰設計となる。また、プラットホームスクリーンドア（PSD）を設置する場合には、隙間をなるべく小さくしたい。し

---

[9] 日本国有鉄道構造規程および解説（案）P.82には「実験結果における最大値は47mmであるから、(50mmは) 余裕の少ないものと思わなければならない」との記述あり。
[10] Dynamic Envelop、Dynamic Moving Dimension、Kinematic Envelop などの用語が使われている。
[11] 日本国有鉄道構造規程および解説（案）P.20

たがって、窓から手や足を出せないような窓構造を採用することによって、隙間を200mm[*12]とすることができる。これでもPSDのセンサーの設置に支障が出るので、動的挙動範囲の概念によって、車両の動的挙動を計算して、建築限界の外（車両に近い方）にセンサーやバリアーを設けている例もある[*13]。

欧州系コンサルタントの設計では動的挙動範囲を要求することもあるが、車両の仕様が確定した後でなければ計算できないので、計画時は日本流の車両限界と建築限界の考え方で設計を進めるのが効率的である。

トンネルや地下駅のコストダウンで高さを小さくしたいとの要求もあるが、その場合には、第三軌条とするか、パンタグラフ折り畳み高さを4,000mm程度[*14]とすることで対応する。それよりも低くすると、車体の構造に影響し、標準化の観点からは推奨できない。

建築限界と車両限界の関係で注意しなければならないのは、曲線区間での補正式である。JRで用いている、補正量（mm）＝22500/R、（Rは曲線半径（m））は車体長19m[*15]の時代のものであり、車体寸法を縮小しないためには車体長20mでは東京メトロで採用しているように24000/Rとしなければならない。すなわち、22500/Rでは、20m車は車体幅2,950mmとし、20mよりも長い先頭車の車端部をカットしなければならない。詳しくは専門書を参照されたい。

半径1,000m以下の曲線区間では、建築限界の幅を車両の偏倚に対して拡大する。STRASYAには拡幅量の計算式がないが、旧日本国有鉄道構造規則では、拡幅量w（mm）＝22500/Rの計算式を示している、ここにRは曲線半径（m）である。これは車体長さ19m、台車中心間距離13.4mの車両を前提としたものであり、車両寸法が

[*12] 国土交通省令第20条　解釈基準施設編（1）の規定による。
[*13] ヨーロッパ式は概ねこの方法によっている。
[*14] 車両の屋根高さを低くするか、折畳高さに低い特殊なパンタグラフを採用するが、屋根上の冷房装置等と電車線の離隔を150mm以上確保し、地上側に地絡検知を行って安全を確保する。JR中央線3,980mm、JR身延線3,960mmの例あり。
[*15] 日本国有鉄道構造規程及び解説（案）P.87

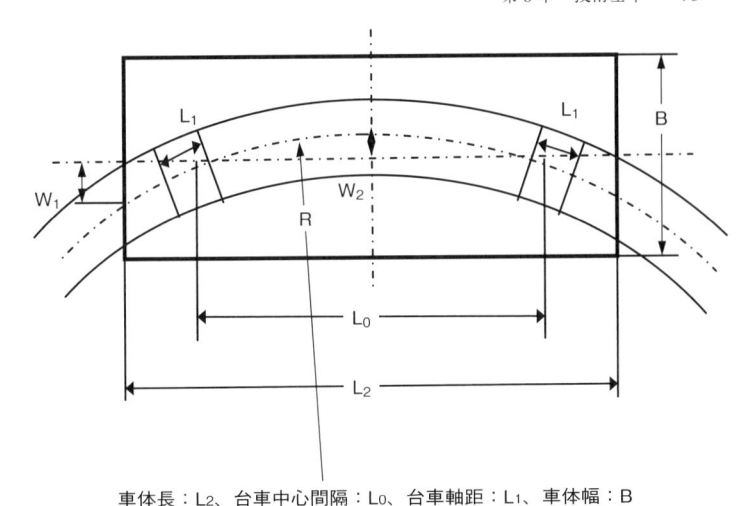

車体長：L_2、台車中心間隔：L_0、台車軸距：L_1、車体幅：B

図5-2　国土交通省令第20条解釈基準による曲線における建築限界補正

異なれば、この計算式は使えない。

国土交通省令第20条解釈基準（3）計算式（図5-2参照）は次の通りである。

曲線内側の偏倚量すなわち台車中心を結ぶ直線の中点の曲線内側への張り出し量 W_1 は、

$$W_1 = R - \sqrt{\{(R-d)^2 - (L_1/2)^2\}}$$
$$d = \sqrt{\{R^2 - (L_0/2)^2\}}$$

曲線外側の偏倚量すなわち車端部の曲線外側への張り出し量 W_2 は、

$$W_2 = \sqrt{\{(R + B/2 - W_1)^2 + (L_2/2)^2\}} - R$$

ここに、L_0, L_1, L_2, B, R, W_1 および W_2 はそれぞれ下記の値を示す。

L_0: 台車中心間距離

L_1: 台車の固定軸距

L_2: 車両（車体）の長さ

B: 車両の幅

R: 曲線半径

W_1：曲線内側の偏倚量

W_2：曲線外側の偏倚量

これでは、計算式が煩雑なので、簡易計算式[16]として、

$W_1 = L_0^2 / 8R$

$W_2 = (L_2^2 - L_1^2) / 8R$

も使われる。なお、以上の計算式はカントを考慮していないので、計算結果にカント量を加える必要がある。

トンネル断面に影響するのはパンタグラフ折り畳み高さである。大阪地下鉄や東京メトロ銀座線のように第三軌条とすればトンネルの高さを低くできる。しかし、電圧を高くすることができないので、変電所が増える。電車線は直流1500V、3000Vあるいは交流25kVと高い電圧とすることができるが、第三軌条は750Vが一般的である。海外で1500Vの例もあるが、旅客および保守要員の安全確保に課題がある[17]。直流1500Vでは加圧部との離隔を250mm以上としなければならない。国土交通省令の特例[18]として150mmが認められているが、あくまで例外的措置である。交流25kVでは300mm以上であり、地下区間が多い場合にはトンネル断面が大きくなり、建設費が高くなる。インドのデリーメトロで25kVを採用した例はあるが、日本では直流1500Vが一般的である。

第三軌条の場合には、車両最大高さと建築限界のクリアランスは、脱線した車両の復線のためにジャッキアップする高さとして、最小250mm以上を確保する。

電車線の場合には、パンタグラフ折畳高さあるいは車両最大高さと建築限界のクリアランスは250mm以上とる必要がある。

---

[16] 旅客車工学概論、松澤浩編、レールウェイシステムリサーチ、1986年7月
[17] 車両故障時に避難誘導で軌道の歩行が想定され、車両基地等では保守要員の感電防止対策が必要となる。
[18] 国土交通省令第41条2解釈基準10（3）の規定による。

5.3 軌道中心間隔と施工基面幅

軌道の中心間隔は、建築限界幅に作業用スペースや電柱などの設置条件等を勘案して決める。高速走行の場合には、すれ違い時の風圧が大きくなるので、さらに広げる必要がある。

STRASYAでは単純に建築限界幅の3,800mmを軌道中心間隔としている。

国土交通省令解釈基準では、160km/h以下で走行する区間について、直線区間は車両限界幅に600mmを加えたもの、車両の窓やドアから手足を出せない構造とした場合には400mmを加えたものを軌道中心間距離としている。作業員の退避がある場合には車両限界幅に700mmを加えたものとしている。したがって、車両限界幅3,000mmとすれば、軌道中心間隔はそれぞれ3,600、3,400および3,700mmとなる。もちろん曲線区間では上記の限界拡幅量とカントによる車両の傾き等を考慮して広げる必要がある。

軌道と軌道の間に電柱や信号機を建植する場合には、それらは建築限界内としなければならないので、建築限界幅に電柱等の寸法および余裕を加える。

規格によって分岐器寸法が決まるので、JISによる分岐器を採用する場合、両渡り分岐器で3.7m、片渡り分岐器で4.0mの軌道中心間隔が必要となる。仮に駅中間部で軌道中心間隔を3,400mmとしても、分岐器では3,700あるいは4,000mmとするので、分岐器の前後に曲線を挿入することになる。EN採用の場合には、分岐器の寸法が異なるので注意が必要である。

施工基面幅は、国土交通省令解釈基準では、保守および乗務員の点検作業等のため、建築限界幅よりも0.6m広くするとしている。

5.4 勾配と曲線

最急勾配と最小曲線半径をどのように選定するかは、輸送能力および車両の性能に係わる。最小曲線半径、緩和曲線、最急勾配や縦

曲線は特別の地形的制約がなければ、国土交通省令などの基準で設計する。

　貨物鉄道であれば、機関車のけん引力を有効に使うためには勾配をなるべく小さくしたい。その反面、曲線半径はそれほど重要な因子とはならない。

　一方、電車列車主体の都市鉄道であれば、平均速度を高くするためには曲線半径を大きくすることが望ましい。最急勾配として80‰[19]も実用化されているが、一般的には、最急勾配35‰、最小曲線半径300mが選定される。もちろん、地形が許せば、勾配は緩い方が、曲線半径は大きい方が望ましい。列車の全重量に対する動力車（機関車や電動車）の重量比率によって、どれだけの勾配を登れるかが決まる。電車の場合には、勾配が急であればある程、編成中の電動車の比率を大きくする必要があり、電車の製造・保守コスト、電力費が増える。一方、急勾配を採用することによってトンネルや高架橋を減らすことができれば土木構造物の建設コスト低減につながる。要は、全体のバランスを見て、最急勾配や最小曲線半径が選定される。

5.5　軸重

　車両重量は、土木構造物の設計に影響する。現在実用に供されている車両は、1両当たりの空車重量が30ないし40tであるので、旅客重量21tを加味すれば、50ないし60tとなり[20]、車両内の重量アンバランスを考慮して、軸重（1軸当たりの重量）を13ないし16tの設計荷重として、土木構造物の設計を行う。

---

*19　1,000mで何メートル上るかを表す。
*20　運転台のない車体長19.5m、車体幅2,950mmの車両では、座席数に1m²当たり8人の立席を最大として、乗車可能人員を算出すると、1両343人乗車、1人当たり60kgとして20.6tとなる。1m²当たり10人の立席とした例もある。1人当たり55kgとする規格もあるが、設計条件は旅客の体格と持ち込み荷物の多寡により決まる。

5.6 電気方式

電気方式は、IEC60850に規定する交流25kV/50Hz、直流3000V、直流1500Vおよび直流750Vが広く使用されている。

交流25kVは電流を小さくできるので、電車線のサイズを小さくでき、変電所の間隔も30ないし50kmと大きくできるので、地上の電力設備のコストを低減できる。しかしながら、車両に変圧器を搭載するので、車両質量が大きくなるともに、車両のコストは高くなる。また、地下区間では絶縁離隔の大きいことからトンネル断面が大きくなって、建設費が高くなる。相対的に地下区間が短いインド・デリーメトロでは交流25kVを採用している。交流電化の場合には、変電所間の給電範囲の境目、交―交セクションの問題を考慮する必要がある。ここでは電源の位相が変わるので、交―交セクション通過時には車両のパワーを切る必要がある。パワーを入れたままで通過すると短絡事故を起こす。したがって、交―交セクションの位置を検知して、車両側で自動的にパワーオフをする制御システムを導入する必要がある。

直流3000Vと1500Vを比較すれば、3000Vの方が電力地上設備のコストが安くなるが、量産効果を期待すれば、日本で標準的に使用されている1500Vの採用が望ましい。変電所間隔は3ないし5kmである。

直流750Vは電車線式もあるが、現在の都市鉄道では第三軌条として使用されている。トンネル断面を小さくし、建設費を低減できるが、地上に集電レールを設けることから、旅客および作業員の安全性の観点からの課題が多い。なお、東京メトロの銀座線や丸ノ内線のように数十年前に建設された路線は集電レールとして鉄レールを使っていたが、最新のものは、アルミニウムレールにステンレス鋼をクラッドさせたものが使われている。アルミニウム使用で電気抵抗を減らし、電圧降下を小さくして変電所間隔を大きくし、集電シューの接触面はステンレス鋼として耐久性を増している。

第 6 章　日本の鉄道技術と国際規格

6.1　なぜ国際規格か

　WTO 加盟国の政府間調達に関し、TBT（貿易の技術障害に関する）協定が定められている。これは、「工業製品等の各国の規格及び規格への適合性評価手続き（規格・基準認証制度）が不必要な貿易障害とならないよう、国際規格を基礎とした国内規格策定の原則、規格作成の透明性の確保を規定（日本工業標準調査会ホームページ）」している。このため、JIS も国際規格との整合性をとるため、改訂が行われている。

　これまでは、輸出に関連するメーカーの問題と一般的に認識され、あまり関心を持たれなかった。しかし、TBT 協定は輸出のみならず輸入にも適用されるので、ある鉄道事業者が非接触カード調達時に外国企業から「入札仕様が国際規格に合致していない」とのクレームを受けたことから、国際規格への関心が高まった。政府間調達には JR[1]、東京地下鉄および公営交通も含まれるので、これまで車両や信号は重要部品として、国際調達の対象外としている。

　ODA 等による鉄道技術の輸出に際して、国際調達に準じた入札図書を作成する必要があり、国際規格が引用されることが多い。特に、発展途上国においては、その国の技術基準が整備されておらず、必然的に英文の国際規格および標準が採用されることが多い。JIS は英文化されたものが少ないことから、最初は引用規格から除かれていた。しかし、台湾高速鉄道の経験から英文の JIS が必要とされ、英文化も進められ、入札図書に引用されるようになってきたものの、後述の課題から、全面的に採用されるには至っていない。

---

[1]　2014年10月に EU は上場された JR 東日本、東海および西日本の三社を政府間調達の対象から除外することに合意した。

国際規格は、国際標準化機構（ISO）や国際電気技術委員会（IEC）等の国際機関が制定したもので、制定や改訂に際し、加盟国の国内委員会の意見を反映している。規格制定には、規格草案作成から制定まで関係国の協議を含めたいくつかの段階を経るため、規格制定まで数年の歳月が必要であり、技術の進歩に対応できないこともあり、ウィーン協定（1991年）およびドレスデン協定（1996年）により、一つの地域で使用されている規格については、途中のステップを省略して、一挙に関係国による規格原案への賛否投票からスタートして、規格制定までの期間を大幅に短縮する「迅速手続」が制度化された。

この結果、ヨーロッパ規格（EN）がISOやIECになるケースが増えてきた。理論的にはJISも国際規格とすることはできるが、言葉や投票数の壁[*2]から、極めて難しい。この壁を乗り越えるために、規格制定段階から各種ワーキンググループに日本側も参加し、相応の役割を果たすようになってきた。この活動は鉄道技術総合研究所（以下「鉄道総研」という）内に国際規格センターが設置されたことにより加速されている。

6.2 規格と技術規制

インフラの構造基準や運行規則といった技術基準はそれぞれの国鉄が内部規定として制定していた。日本もヨーロッパも、国鉄が国の機関ではなくなったことから、国鉄の制定していた技術基準を改めて国の基準として位置付ける必要が生じた。

6.2.1 日本国内の技術規制

国鉄の規定の上位に運輸省令（現在の国土交通省令）があったので、国土交通省令の改定で対応し、省令に基づいてJR各社を含む鉄道

[*2] 国際規格はフランス語と英語で書かれる。また、国際規格制定は加入国の投票で決まるが、日本は1票であるのに対し、EUは加盟国がそれぞれ1票を有する。

事業者が社内規定を制定して、国土交通省に届けるようになった。インフラの新設、改良あるいは新設計車両新造の場合は、鉄道事業者が関連法令および社内規定に基づいて設計を行い、国土交通省から設計確認を得る必要がある。鉄道事業者の技術陣が一定の要件を満たしていれば、設計確認事務が簡略化される。新線建設のインフラについては、国土交通省の完成検査を受ける必要がある。

しかしながら、国土交通省令の規定は性能規定であり、具体的な数値は規定されていない。その補助として、解釈基準が制定されているが、既存の鉄道に適用可能とするために、幅をもった記述となっており、新設の鉄道に対し、どのような具体的な技術基準を適用するかを読み取ることが難しい。同時に、それぞれの技術基準制定の背景が見えなくなっている。

6.2.2 ヨーロッパの技術規制

ヨーロッパ各国は、規制緩和の中で国鉄に代わる大きな組織を新たに作ることを避けて、技術基準の大部分を非政府組織（NGO、Non Governmental Organisation）が制定する規格に委ね、それぞれの鉄道事業者あるいはインフラ管理者が規格に従って、安全性、信頼性、耐久性および既存システムとの互換性を証明する「セーフティケース（安全性証明）」を作成して、それを第三者機関（認証機関）が認証する仕組みとした。鉄道事業者あるいはインフラ管理者がセーフティケース作成を外部のコンサルタントに委託することが多い。認証機関の認定は「認証機関の資格要件を定めた規格」に基づいて、国が指定した認定機関が行う。事故が発生した場合は、セーフティケースが妥当であったか、認証手続きが妥当であったかが検証される。

EUの発足に合わせて、市場統合がなされたので、車両メーカーや信号メーカーの国境を越えた統合が推進された。それ以前は各国鉄とそれぞれの車両メーカーが共同で車両を開発し、国別対抗の様相を呈していたが、メーカーは多国籍企業となり、それまでのルー

ルは変更された。メーカーの再編成により、アルストーム、ボンバルディアおよびシーメンスの3つのグループ、いわゆるビッグスリーに集約された。EUの前身であるECが、各鉄道の相互直通運転を促進するため、EC指令96/47/ECおよび2001/16/ECによりインターオペラビリティのための技術基準を制定し、ヨーロッパ内の鉄道規格統一が進められるようになった。それらの結果、規格が大きな意味を持つようになっている。

また、EU域内の鉄道ネットワーク計画、鉄道事業の技術基準統一、安全性認証や鉄道事業者認定の統一フレームをつくるために「ヨーロッパ鉄道庁（European Railway Agency）」がEU指令2004/881号（2004年4月）により設置された。もちろん、後述の技術仕様書や規格制定の方針も鉄道庁が策定する。鉄道庁に対応するインフラ管理者および鉄道事業者の連合体が「ヨーロッパ鉄道およびインフラ事業者連合体（CER, The Community of European Railway and Infrastructure Companies）」であり、66社が加盟している。

6.3 ヨーロッパ規格とJIS

EU発足に合わせて、ヨーロッパ各国の規格をヨーロッパ規格（EN）に統一する作業が進められ、ヨーロッパ標準化委員会（CEN、Comité Européen de Normalisation）とヨーロッパ電気標準化委員会（CENEREC、Comité Européen de Normalisation Electrotechnique）により膨大な規格体系が構築された。鉄道の分野においても例外ではなく、個々の機器や部品はいうに及ばず、鉄道システムそのものの規格も整備されてきた。大きな動機は高速鉄道網拡大に伴う高速鉄道関連の規格統一、貨物輸送の自由化に関連した規格制定等々である。同時に、デンマーク、ベルギー、オランダのような小規模かつ独自の技術開発能力の乏しい鉄道でも、設計、製造方法、製造資格認証に困らないように、きめ細かく規格を制定している。

2004年のEU加盟国拡大に合わせ、それまで規格制定を間接的に支援する立場にあったヨーロッパ鉄道工業会（UNIFE, Union de Industrie Ferrovierre Européanne）は、鉄道関係部品を製作する工場認証規格、国際鉄道工業標準（IRIS）の開発を行い、実行に移すようになった。このスキームの中で、ビッグスリーは鉄道関係のヨーロッパ規格（EN）、国際規格（ISO、IEC）、UNIFE の規格（IRIS）等の制定に大きな影響力を持っている。また、ビッグスリーとの取引を希望する企業は、IRIS による認証を認証機関から取得する必要があるとされている。IRIS 認証を取得するメリットとしては、「認証を取得した企業は、良質なサプライヤーであることを証明される」、「IRIS 認証取得企業は、主要鉄道ビジネス製品のバイヤーが使用する UNIFE のデータベースに登録される」、「鉄道ビジネスでの要求事項標準化、自社製品の品質向上、効率的手順によるサプライチェーン全体の品質向上につながる」、「顧客との契約確保・維持おいて、サプライヤーに優位性をもたらす」、「ISO9001 と IRIS が共通の要求事項をもつことから、同時認証の形で IRIS 認証が取得されるため、個別取得と比べてコストが削減できる」、「自社の顧客からそれぞれ要求される審査を個別に受審するのではなく、包括的な1回の審査の受審で完了できる」といったことが挙げられる[*3]。

　IRIS は2006年に規格制定されて以来、ドイツ、中国、フランスなどの鉄道部品メーカーを中心に認証取得が進み、現在、600以上の企業が認証を取得している。海外ではシステム規格の考え方をベースにモノづくりが進められるのに対して、システム規格よりも製品規格を重視してきた日本企業の認証取得数は、わずか10社というのが現状である。

　これは、ヨーロッパ規模で統合したメーカーにとっても大きな武器となり、域外からの参入を防ぐとともに、ヨーロッパ製品の売り込みのため、上記迅速手続き採用により、EN を国際規格とする動きが加速された。

　米国はヨーロッパとは異なる規格体系を採用しており、旅客鉄道

＊3　http://certification.bureauveritas.jp/CER-Business/IRIS/

表6-1 鉄道関係 EN と JIS 比較

	EN	JIS
適用範囲	EU 域内各国	日本国内
規格制定体制	EU 各国からの委員による合議制	学識経験者、鉄道事業者、メーカー代表による合議制
国際規格との互換性	ウィーン協定およびドレスデン協定により迅速手続で ISO、IEC に格上可	理論的には迅速手続可能であるが、言葉の壁等で困難
システム規格	システム全体を規定する規格が多い	システム全体は関係法令で規定し、システム規格が少ない
ハードウェア規格	個々の機器、部品について制定	同左
ソフトウェア規格	ソフトウェア作成手順、作成者評価等について制定	規定なし
信頼性、安全性等の規格	RAMS 規格、RAMS 規格適用指針、認証手続等について制定	規定なし(法令に規定)
設計標準	規格制定	通勤電車等の一部規格制定
製造方案	規格制定	規定なし(メーカー各社の社内基準)
製造資格	溶接等の一部について規格制定	規定なし(必要に応じて法令に規定)

に関しては製品やシステムの輸入が主であるため、米国規格に基づいた購入仕様書を制定している。ヨーロッパ企業であっても米国規格を守ることが義務付けられている。したがって、ここでいう輸出市場は米国を除く市場である。

6.4 JIS の課題

TBT 協定に対応するため、JIS の国際規格への整合性が進められてきた。また、国際規格制定において日本の意見を反映させるために、ISO や IEC 鉄道部会の作業部会に積極的に参加するようになり、それを支援するため、鉄道総研に鉄道国際規格センターが設置された。

また、JIS自身の課題として、一つは、設計標準、製造方案および製造資格に関する規格がないことである。製造方案や製造資格認定についてはかつての日本国有鉄道規格（JRS、Japanese Railway Standard）に規定されていたものの、JRS廃止に伴い、それぞれが各社の社内基準に留まっており、公開されていない。このため、海外プロジェクトで、台車の溶接規格や溶接作業者の資格について公的な文書による証明ができないので、ENを適用せざるをえない。すなわち、溶接技術の基本についてENの認証を得なければならなくなる。また、最近の信号システムはコンピューターによるソフトウェアで構成されており、信号システムが安全性および信頼性を満たしているか否かを立証するために、ソフトウェア作成手法および作成者の資格が重要となっている。しかしながら、JISにはソフトウェア作成者の資格認定の概念がないので、ソフトウェア作成者の資格認定がENによって行われるという事態になっている。日本の技術が如何にものづくりとして優れていても、公に証明することが

台湾高速鉄道、日本の高速鉄道輸出の第1号であるが、ヨーロッパ規格とJISとの混合で建設された。このプロジェクトを契機にJISの英文化が推進されるようになった。

できなければ、ヨーロッパのやり方に従うことになる。製造方案や製造資格認定のJIS規格制定については、各社のノウハウを盾に共同歩調が取れないのが現状であり、この面でも将来に禍根を残すことになるであろう。

二つ目は、規格認証の体制が整っていないことが挙げられる。上記課題とも関連するが、設計標準等がないことから、個々の製品がJISを満たしていても、システム全体としてJISに則って設計、製造されたことを第三者が認証する体制がない。これは、ODAの現場でも、最終製品の品質をどのように担保するかの有効な方策がなく、結局はヨーロッパ系のロイドやテュフといった認証機関の認証を得ることとなる。これら認証機関はJISの知識に乏しく、彼らに一から教え、日本のノウハウを学習させることになる。あるいは最悪のケースとして、ENによる設計や製造を求められることにもなりかねない。それに対抗するため、交通安全環境研究所に鉄道認証室が設置されて、国際認証への対応も推進されているが十分とは言えない。

6.5 ODAの現場で

円借款での鉄道建設において、外国製品が導入され、日本の鉄道技術輸出につながらなかった苦い経験から、2003年度から、我が国の優れた技術やノウハウを活用し、途上国への技術移転を通じて我が国の「顔の見える援助」を促進するため、「本邦技術活用条件」すなわち、STEP（Special Terms for Economic Partnership）制度が創設された。

現在、ベトナム・ホーチミン市都市鉄道、インドネシア・ジャカルタ都市鉄道、インド貨物専用線等の建設プロジェクトがSTEP案件として進められている。

これらのSTEP案件の都市鉄道プロジェクトに対応したものとして、前述のSTRASYAがある。これは、鉄道ビジネスにおいて世界で最も成功を収めている日本の鉄道技術、およびノウハウを基礎と

しており、安全性が高く定時性に優れ、かつ車両重量が軽いため、エネルギー効率の良い省メンテナンスな鉄道のオペレーションが可能になることをねらいとしている。しかしながら、幹線鉄道であるJRを中心とした技術が中心であり、地下鉄やプラットホームドアへの対応も不十分であり、規格あるいは技術仕様として使うことはできない。また、内容的にもJIS等の規格体系整備や安全性認証の体制整備を伴わないので、実際に使うには課題が多い。したがって、ヨーロッパを中心とした規格戦略への対抗という意味では成功したとは言い難い。

日本の規格は、前述のように、個々の装置、部品や材料については整備されており、国際規格との整合化も図られている。しかしながら、鉄道システムとしての規格、製造法案や資格に関する規格は少ない。これは、鉄道事業者の力が強かったために、システム設計は鉄道事業者が行い、メーカーはシステムの一部の請負でしかない。したがって、鉄道会社の仕様書がシステムを規定し、システムを規定する規格制定の必要性がなかった。また、製造法案や資格に関しては、かつてJRSに規定していたが、1987年の国鉄の分割民営化の結果、JRSが廃止され、個々のメーカーの社内規定にまかされるようになった。

安全性認証に関しても、国内案件では国土交通省令が基本となっているので、海外案件で相手国の認証を取る際に個別の比較資料作成や第三者認証による安全性確認多くの手間暇を要している。ホーチミンの都市鉄道案件では借款供与の条件としてSTRASYAが採用されたが、上記のように全てをJISで賄うことにはならなかった。同時に、外国企業によるベトナム側へのプロモーションもあり、EN、IEEE等との比較も行い、ベトナム側が最適と考える規格を導入することとなった。同様の事例は、他の国々にもあり、常に日本技術とヨーロッパ技術との比較が求められている。

以上述べたように、海外案件の多くは国際規格が採用されている。国際規格への日本の関与が増えているとはいえ、日本の鉄道技術、

すなわち JIS を採用してもらうためには、規格としての体系整備、認証制度の整備が必要となる。特に安全性認証に関しては、海外案件で第三者認証が求められているが、交通安全研究所が信号システムの安全性認証機関として認められたのみである。結果として、ロイドやテュフといった外国勢が認証を行うことが多くなる。

一方、国内案件でも、つくばエクスプレスのような新線開業、中小鉄道の改良や維持には技術的サポートが必要となっている。JR や大手事業者が手を差し伸べるか、コンサルタントの活用によって、解決すべきであろう。これにはシステム設計、設計基準、製造法案、製造資格も含めた JIS の整備と安全を含めた認証制度の整備も必須となる。また、新規技術の採用についても従来のように学識経験者を交えた委員会を立ち上げて判断するには時間がかかる。

今後の課題は、台頭する中国にどのように向き合うかである。ODA 案件は世界銀行、アジア開発銀行（ADB）などの米国、日本を中心とした金融機関あるいはヨーロッパ開発銀行が融資を行ってきたが、中国が主導するアジアインフラ投資銀行（AIIB）が活動を始めると、中国マネーと合わせて中国規格採用も視野に入れた議論が必要となる。中国規格は ISO や IEC を基本としているが、それから変更されたものもある。これまでは英語ベースの国際規格を使うことで一定の歯止めをかけてきたが、AIIB 融資案件に日本勢が応札しようとすれば、中国規格ならびに中国ベースの認証制度に従うことを求められることも考えられ、JIS の影はますます薄くなる。

これらの解決のためにも、国際規格の方法論を参考に、日本的システムを確立する必要がある。

第7章 輸送計画

7.1 既存の地下鉄の事例

　輸送計画もしくはシステム運営計画策定の前に、既存の地下鉄あるいは都市鉄道に係わるデータを把握し、当該プロジェクトの仕様決定の参考とする。もちろん、線形データや車両の性能が確定すれば、シミュレーションによって適宜仕様を見直すことは当然であるが、プロジェクトの概略設計時には、既存のデータを用いて、目安としての妥当性を検証する。

　東京の地下鉄（東京メトロおよび都営地下鉄）の輸送諸元を表7-1に示す。平均駅間距離0.8kmないし1.7kmであり、編成両数は6両から10両であり、最小運転時隔は1分50秒から3分となっているの

表7-1　東京の地下鉄の輸送諸元

	銀座線	丸ノ内線	日比谷線	東西線	千代田線	有楽町線	半蔵門線	副都心線	浅草線	三田線	新宿線	大江戸線
営業キロ (km)	14.3	27.4	20.3	30.8	24.0	28.3	16.8	11.9	18.3	26.5	33.5	40.7
駅数	19	28	21	23	20	24	14	16	20	27	21	38
平均駅間距離 (km) *	0.79	0.93	1.02	1.40	1.21	1.23	1.29	0.79	0.96	1.02	1.68	1.10
編成両数	6	6	8	10	10	10	10	10	8	6	8	8
車両長さ (m)	15	18	18	20	20	20	20	20	18	20	20	17
最小運転時隔	2'00"	1'50"	2'30"	2'30"	3'00"	2'50"	2'10"	3'00"	2'30"	2'30"	2'30"	3'00"
最高運転速度 (km/h)	65	75	80	100	80	80	80	80	70	75	75	70
表定速度 (km/h) **	25.2	27.9	23.9	33.0	30.6	29.3	29.6	27.5	28.9	28.9	32.8	27.8

＊丸ノ内線および千代田線は支線を除く
＊＊表定速度は駅探記載の時刻表から計算し、ピーク時間帯の両方向の表定速度のうち低い方を採用

で、多くの都市鉄道プロジェクトがほぼこの範囲に収まる。したがって、最高速度および表定速度（駅の停車時間を含めた平均速度）の目安値を得ることができる。

また、都市鉄道では、最混雑1時間にどれほどの旅客が集中するかの指標である集中率も重要である。すなわち、事務所、学校等の始業時間に合わせて、旅客が集中するので、列車運行計画もこの最混雑時間に合わせて、最大の輸送力（乗車人員）を設定することになる。国によって、始業時間が異なり、集中率も異なるが、信頼できるデータが得られなければ、表7-2に示す東京圏の例を参考にして、集中率を想定して最混雑時間帯の旅客数を見積もることとなる。

7.2 需要想定と輸送計画

想定したルートに沿ってゾーニングを行い、それぞれのゾーンとゾーンの間の需要想定を行う。需要想定の方法については、別途専門書を参照されたい。ここでは、議論を分かりやすくするため、路線モデルを次のように想定し、駅と駅の間の旅客数を仮定した。もちろん実際のプロジェクトのものではないことをお断りしておく。

全線14駅、駅間平均距離1.2km、全線16km、都心部と郊外部を結び、車両基地は都心部と反対側のターミナルに隣接して設置する。都心部4駅（AからD駅）は地下区間、D駅とE駅の中間で地下から高架区間となる。E、HおよびM駅に郊外の拠点となる事業所および学校があり、P駅でさらに郊外部を結ぶバスターミナルに接続する。

発地（Origin）と目的地（Destination）間の旅客流動を予測し、OD表を作成する。OD表は将来の運賃収入の予測にも用いる。ここではOD間の移動は対称としている。開業時の需要想定を表7-3に、開業20年後の需要想定を表7-4に示す。このモデルを使って、輸送計画をどのように策定するかを説明する。

開業時の乗車人員は1日20万人、開業20年後は1日67万2千人と想定する。モデルの単純化のため、各駅の乗車人員と降車人員は同

表7-2 最混雑1時間の集中率*1

鉄道事業者	路線	区間	集中率(%)	混雑率(%) 最混雑1時間	混雑率(%) 最混雑1時間を除いた終日
JR東日本	鶴見線	鶴見―鶴見小野	44.2	163.4	34.9
JR東日本	常磐線(中距離電車)	松戸→北千住	42.3	178.7	50.1
JR東日本	常磐線(緩行電車)	亀有→綾瀬	39.2	170.5	43.0
JR東日本	五日市線	東秋留→拝島	38.9	161.7	23.1
京成電鉄	押上線	曳舟→押上	36.0	159.6	29.0
JR東日本	根岸線	新杉田→磯子	35.9	174.8	33.2
JR東日本	総武線(快速電車)	新小岩→錦糸町	36.9	179.5	53.1
JR東日本	青梅線	西立川→立川	34.8	151.5	36.0
JR東日本	東海道線	川崎→品川	33.6	189.8	70.5
JR東日本	東北線	土呂→大宮	33.3	172.5	53.8
東京臨海高速鉄道	臨海副都心線	大井町→品川シーサイド	32.8	127.4	23.9
東武鉄道	伊勢崎線	小菅→北千住	32.7	139.7	36.8
東京地下鉄	有楽町線	東池袋→護国寺	31.9	167.1	44.7
JR東日本	高崎線	宮原→大宮	30.6	191.5	67.1
東京地下鉄	千代田線	町屋→西日暮里	30.5	178.1	58.1
東京都交通局	浅草線	本所吾妻橋→浅草	30.4	121.9	28.7
東京急行電鉄	目黒線	不動前→目黒	30.0	164.1	43.4
東京地下鉄	東西線	高田馬場→早稲田	29.8	134.0	29.1
東京都交通局	大江戸線	中井→東中野	29.7	161.8	41.1
東京地下鉄	南北線	駒込→本駒込	29.6	145.8	33.4
JR東日本	南武線	武蔵中原→武蔵小杉	29.2	194.4	72.6
JR東日本	武蔵野線	東浦和→南浦和	28.8	189.3	60.7
東京地下鉄	半蔵門線	渋谷→表参道	28.6	169.8	46.9
JR東日本	常磐線(快速電車)	松戸→北千住	28.5	172.6	45.9
京浜急行電鉄	本線	戸部→横浜	27.9	152.4	46.8
京王電鉄	相模原線	京王多摩川→調布	27.9	134.0	28.1
東京地下鉄	丸ノ内線	新大塚→茗荷谷	27.4	156.9	43.7
JR東日本	横須賀線	新川崎―品川	27.2	180.6	51.4
JR東日本	京葉線	葛西臨海公園→新木場	26.7	185.4	63.2
東京都交通局	新宿線	西大島→住吉	26.1	154.0	37.0
JR東日本	総武線(緩行電車)	錦糸町→両国	25.7	202.9	70.9

JR東日本	横浜線	小机→新横浜	25.7	180.9	74.3
西武鉄道	新宿線	下落合→高田馬場	25.6	159.4	43.0
JR東日本	山手線外回り	上野→御徒町	25.5	202.5	49.5
東京地下鉄	日比谷線	三ノ輪→入谷	25.1	155.6	51.3
横浜市交通局	1・3号線	阪東橋→伊勢佐木長者町	25.0	127.5	35.4
JR東日本	京浜東北線	上野→御徒町	24.9	197.8	60.5
JR東日本	京浜東北線	大井町→品川	24.9	187.0	58.0
東京急行電鉄	田園都市線	池尻大橋→渋谷	24.8	186.7	63.9
西武鉄道	池袋線	椎名町→池袋	24.6	171.6	43.4
横浜新都市交通	金沢シーサイド線	新杉田→南部市場	24.5	124.0	32.5
京王電鉄	京王線	下高井戸→明大前	24.4	167.0	51.2
JR東日本	埼京線	板橋→池袋	23.8	199.9	69.2
JR東日本	中央線（快速電車）	中野→新宿	23.7	194.0	73.1
相模鉄道	本線	西横浜→平沼橋	23.6	140.5	42.5
東京地下鉄	東西線	木場→門前仲町	23.6	197.1	66.1
小田急電鉄	小田原線	世田谷代田→下北沢	23.3	186.9	57.4
東京急行電鉄	大井町線	九品仏→自由が丘	23.0	154.2	43.4
東武鉄道	東上線	北池袋→池袋	23.0	137.7	37.2
京成電鉄	本線	大神宮下→京成船橋	22.5	149.3	46.4
千葉都市モノレール	2号線	千葉公園→千葉	22.2	128.7	45.5
湘南モノレール	江の島線	富士見町→大船	21.8	183.0	43.1
東京地下鉄	丸ノ内線	四ツ谷→赤坂見附	21.4	138.1	49.8
東京急行電鉄	池上線	大崎広小路→五反田	21.2	128.5	53.4
東京急行電鉄	東横線	祐天寺→中目黒	20.9	173.8	53.8
東京急行電鉄	世田谷線	西太子堂→三軒茶屋	20.5	124.6	45.3
京王電鉄	井の頭線	神泉→渋谷	20.3	139.0	58.2
東京都交通局	三田線	西巣鴨→巣鴨	19.9	139.0	56.4
東京地下鉄	銀座線	赤坂見附→溜池山王	17.2	161.3	68.7
JR東日本	山手線内回り	新大久保→新宿	15.9	163.5	69.8
平均			26.4	168.6	50.7

（注）2009年、最混雑1時間の混雑率が120％以上の路線が対象

＊1　平成23年度都市交通年鑑、運輸政策研究機構、2013年

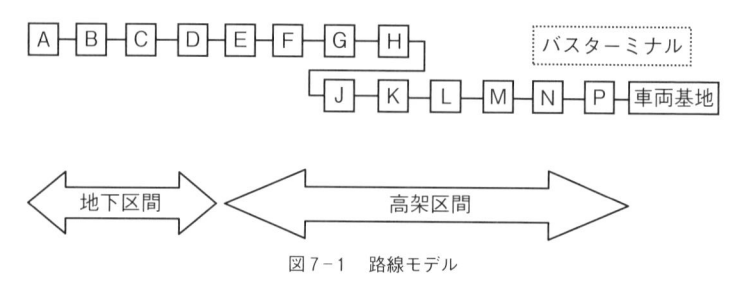

```
A B C D E F G H        バスターミナル
        J K L M N P 車両基地
```

←地下区間 ←高架区間→

図7-1　路線モデル

じとした。左側縦の欄に発地を、横方向に目的地の駅を並べ、A駅からB駅への移動は100人、逆にB駅からA駅への移動は100人というように、三角表を作成する。

しかし、このままでは駅と駅の間にどれ位の旅客流動があるか判然としないので、OD表から駅間毎の旅客流動を計算する。A駅からの乗車人員にB駅で乗車する人員（目的地がC駅以遠）を加え、降車する人員（目的地がB駅）を差し引く。このようにして、駅間の乗車人員を推計したものが表7-5および図7-2である。

開業年の流動は最大64,600人、最小41,800人であり、途中駅で列車本数を変える必然性は認められないので、全ての列車が全線を通しで運行するよう計画する。車両基地はP駅に隣接するので、1日の時間帯による輸送需要の変化に対しては、車両基地への入出庫で調整する。すなわち、朝のピーク時間帯に必要な列車は車両基地から出て、ピーク時間帯が終われば、車両基地に戻る。表7-5のデータは時間帯別の旅客流動ではないので、ピーク時間帯1時間の旅客の集中度合いを日本の通勤列車の例（表7-2）から30%と推計する[*2]。ピーク時間帯の集中率として20%や25%を採用すれば、車両数を少なくできるが、輸送需要の見極めが重要であり、間違えれば後で車両の追加購入のリスクがある。また、需要予測は必ずしも正確ではないので、その数字が絶対ではないので、経験を踏まえ

[*2]　入門電車輸送と建設、吉江一雄、交友社、1970年、P.16

表7-3 開業時の想定OD表 (単位:人/日)

駅No.	乗車	降車	A	B	C	D	E	F	G	H	J	K	L	M	N	P	
A	45,000	45,000		100	600	1,500	18,000	500	1,000	7,000	500	1,500	1,000	2,000	500	10,800	45000
B	12,000	12,000	100		100	300	1,000	300	300	4,000	500	400	500	1,000	600	2,900	12,000
C	6,000	6,000	600	100		100	100	100	300	1,200	100	100	100	500	400	2,300	6,000
D	7,000	7,000	1,500	300	100		100	100	200	1,200	100	100	100	1,000	200	2,000	7,000
E	22,000	22,000	18,000	1,000	100			100	100	100	100	100	100	500	400	1,300	22,000
F	4,000	4,000	500	300	100	100	100		100	200	100	100	100	600	500	1,200	4,000
G	5,000	5,000	1,000	300	100	200	100	100		100	100	100	100	800	100	1,700	5,000
H	19,000	19,000	7,000	4,000	1,200	1,200	100	200	100		100	100	100	1,000	500	3,400	19,000
J	5,000	5,000	500	500	100	100	100	100	100	100		100	100	1,000	100	2,100	5,000
K	7,000	7,000	1,500	400	100	100	100	100	100	100	100		100	1,300	400	2,600	7,000
L	8,000	8,000	1,000	500	100	100	100	100	100	100	100	100		100	100	5,500	8,000
M	12,000	12,000	2,000	1,000	500	1,000	500	600	800	1,000	1,000	1,300	100		100	2,100	12,000
N	7,000	7,000	500	600	400	200	400	500	100	500	100	400	100	100		3,100	7,000
P	41,000	41,000	10,800	2,900	2,300	2,000	1,300	1,200	1,700	3,400	2,100	2,600	5,500	2,100	3,100		41,000
Total	200,000	200,000	45,000	12,000	6,000	7,000	22,000	4,000	5,000	19,000	5,000	7,000	8,000	12,000	7,000	41,000	200,000

表7-4 開業20年後の想定OD表 (単位:人/日)

駅No.	乗車	降車	A	B	C	D	E	F	G	H	J	K	L	M	N	P
A	108,000	108,000		4,200	9,400	2,100	28,000	6,000	4,200	19,000	2,300	3,500	3,800	8,000	4,500	13,000	108,000
B	110,000	110,000	4,200		10,000	2,200	31,500	6,000	4,000	20,000	2,400	2,300	3,400	8,000	4,000	12,000	110,000
C	39,000	39,000	9,400	10,000		500	1,600	1,400	700	4,500	1,000	1,200	1,500	2,200	1,000	4,000	39,000
D	14,000	14,000	2,100	2,200	500		700	700	500	800	500	800	1,000	1,500	1,200	1,500	14,000
E	77,000	77,000	28,000	31,500	1,600	700		1,200	600	1,500	800	1,500	2,000	2,500	3,000	2,100	77,000
F	26,000	26,000	6,000	6,000	1,400	700	1,200		500	700	500	800	1,000	2,000	3,200	2,000	26,000
G	20,000	20,000	4,200	4,000	700	500	600	500		500	500	800	1,000	2,000	1,500	3,200	20,000
H	61,000	61,000	19,000	20,000	4,500	800	1,500	700	500		500	1,100	2,000	3,000	2,800	4,600	61,000
J	19,000	19,000	2,300	2,400	1,000	500	800	500	500	500		600	1,000	4,000	1,400	3,500	19,000
K	26,000	26,000	3,500	2,300	1,200	800	1,500	800	800	1,100	600		800	5,300	3,000	4,300	26,000
L	28,000	28,000	3,800	3,400	1,500	1,000	2,000	1,000	1,000	2,000	1,000	800		700	800	6,000	25,000
M	43,000	43,000	8,000	8,000	2,200	1,500	2,500	2,000	2,000	3,000	4,000	5,300	700		800	3,000	43,000
N	36,000	36,000	4,500	4,000	1,000	1,200	3,000	3,200	1,500	2,800	1,400	3,000	800	800		8,800	36,000
P	68,000	68,000	13,000	12,000	4,000	1,500	2,100	2,000	3,200	4,600	3,500	4,300	6,000	3,000	8,800		68,000
Total	675,000	675,000	108,000	110,000	39,000	14,000	77,000	26,000	20,000	61,000	19,000	26,000	25,000	43,000	36,000	68,000	672,000

表7-5 駅間乗車人員推計 (片道) (単位:人/日)

発駅	A	B	C	D	E	F	G	H	J	K	L	M	N
着駅	B	C	D	E	F	G	H	J	K	L	M	N	P
開業年	45,000	56,800	61,400	64,600	48,200	50,000	51,000	42,400	44,200	46,000	49,400	41,800	41,000
開業20年	108,000	209,600	209,800	214,200	167,600	163,000	162,000	129,000	131,000	131,800	121,800	86,400	68,000

図7-2　駅間乗車人員

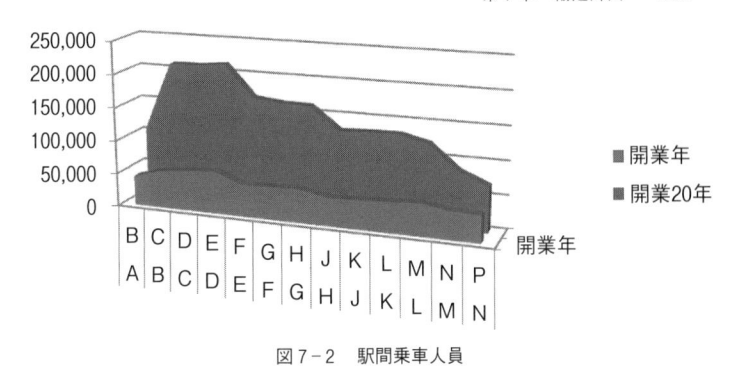

て、ある程度の調整代は残しておくべきであろう。

　事務所や学校の始業業時間が朝9時などに集中しているので、ピーク時間は7時30分～8時30分[*3]として、この時間帯の列車本数を先に決める。最大64,600人の30％が1時間に集中するとして19,380人/時の輸送力が必要となる。1両の平均乗車人員を270人[*4]（表7-10の混雑率180％相当）とすれば、片道72両/時の列車を運行する必要がある。4両編成であれば、1時間18本、3分20秒間隔、6両編成であれば、1時間12本、5分間隔の運転となる。平均運転速度を30km/hとすれば、片道所要時間は16km÷30km/h×60分で計算し、32分となる。列車の往復時間は64分、折り返し時間10分を加え、74分が一サイクルとなるので、使用する列車本数は4両編成のときには3分20秒間隔運転で74÷3.33、すなわち23本[*5]となる。6両編成のときには5分間隔運転では、15本となる。ピーク時間帯の他は輸送需要が少なく、列車本数も少なくなるので、ピーク時間帯の列車本数がクリティカルとなる。

[*3] 国によっては始業時間が8時となっているので、この場合には6時30分から8時30分をピーク時間帯とする。

[*4] 国土交通省が通勤列車混雑の目安としている混雑率180％にほぼ相当する。270人は平均乗車人員であり、ホームの階段の位置などにより、車両間の乗車人員にアンバランスが生じることを念頭に置く必要がある。

[*5] 端数は切り上げた。

車両保守のうち、清掃、車体洗浄、月検査などはピーク時間を外れた時間帯で行えば、そのための予備車は不要となる。一方、台車や機器の解体を含む重検査は数時間で完了することができないので、そのための予備車が1本必要となる。また、故障時対応の待機予備も最低1本は必要となる。したがって、今回のケーススタディでは、必要な列車本数は4両編成で使用23本、予備2本の計25本100両、6両編成で使用15本、予備2本の計17本102両となる。

　開業20年後の流動は最大214,400人、最小68,000人であり、F駅からJ駅を境にして流動が減るので、何処に折り返し駅を設けるかが検討課題となる。もちろん全ての列車をA駅からP駅まで通して運転することも考えられるが、不経済であるので、いずれかの駅で折り返し運転を行い、列車本数を調整する。H駅で折り返しをするとすれば、A駅とH駅間の最大乗車人員214,400人から、ピーク時間帯の輸送力64,320人／時、すなわち、238両／時となり、6両編成とすれば40本／時、1分30秒間隔運転となる。しかし、駅の停車時間やターミナル駅の交差支障[*6]を考慮すれば、2分30秒ないし3分とすることが望ましいので、10両編成とし、24本／時、2分30秒間隔運転の設備が必要となる。H駅とP駅の最大乗車人員131,800人から、ピーク時間帯の輸送力39,540人／時、すなわち、146両／時となり、10両編成で15本／時、4分間隔運転の設備が必要となる。H駅ではA駅から方面から到着した列車の概ね半数が折り返しとなる。A駅とH駅の往復時間は34分、折り返し時間6分を加え、42分のサイクルであるので、10両編成は17本必要となり、H駅とP駅往復は、34分プラス5分計37分のサイクルに対し4分間隔で10本必要となり、全体では27本を使用に充て、予備車2本の10両編成29本が必要となる。これはあくまで概略検討のための試算であり、正確を期すためには列車ダイヤを作成して検証する。

[*6] ターミナルを含めた折返し駅では、駅の手前に分岐器があり、駅を出発する列車が分岐器を通過した後でなければ、後続の列車は駅に進入できない。これを交差支障と言う。

表7-6 シナリオ別編成両数と総両数

シナリオ	開業時		開業20年後		記事
	編成数	総両数	編成数	総両数	
開業時4両、20年後10両編成	使用23本 予備2本 計 25本	100両 (M100両)	使用27本 予備2本 計 29本	290両 (M174両)	35‰勾配起動のため4両編成は全電動車
開業時6両、20年後10両編成	使用15本 予備2本 計 17本	102両 (M68両)	同上	同上	6両編成は4M2T

　列車の編成両数も開業時4両とし、需要が増えたときに少しずつ増結して最終段階で10両とするか、最初は6両編成として、最終的に10両編成とするかも全体の投資効率を考慮して決める。表7-6に示すように、4両編成の場合、総両数は6両編成の102両に対し100両と少なくなるが、35‰勾配が含まれれば、7.3.1(1)で考察するように、電動車の比率を高める必要があり、初期投資額は少なくならない。列車頻度の面からは4両編成が6両編成よりも勝るが、3分20秒と5分の差をどのように評価するかが難しい。

　上記の列車本数の推計は、日本の東京の通勤電車の混雑が受け入れられるとの前提での試算である。日本の混雑を輸出するということに若干の後ろめたさを感じるのであれば、表7-10の平米当たり立席6人[*7]とする。さらには、ロングシートではなく、クロスシートという選択も考えられるので、ピーク時間帯、デイタイム時間帯のサービス水準について、発注者と十分な議論を尽くす必要がある。もっとも、発展途上国の交通計画担当者は、専用の自動車による移動が当たり前となっているので、路線バスや鉄道を利用しないことが多い。会社の幹部も公共交通機関を利用する日本の感覚で、交通計画担当者が現地の公共交通機関について知っているとの前提に立つと、議論がかみ合わない可能性がある。

---

*7　国土交通省の混雑率の目標値は150％であるので、平米約6人に相当する。

このようにして、列車長と車両数を確定させ、信号設備も2分30秒あるいは4分間隔運転に対応した仕様[*8]とする。線路配線もターミナル駅の分岐器配置と合わせ、折り返し駅の分岐器およびプラットホーム配置を決める。車両基地の留置線の本数および検査設備の能力もこの運転計画を基礎に設計する。また、非常時の運転を考慮して、数km毎に折り返すための分岐器を配置する。

7.3 列車編成と性能

7.3.1 勾配起動と列車編成

輸送計画から上記のように、編成両数が決まり、最小運転時隔の要求事項から、加速度、減速度、最高運転速度の基本諸元を策定する。

(1) 列車編成

列車本数と編成両数は輸送計画により決まる。混雑時と閑散時で編成両数を変える方法もあるが、そのための手間を考えると得策とは言えない。したがって、列車の運転本数で調整することになる。混雑時には列車をフル稼働させ、混雑時間を過ぎたら余った列車を車両基地に引き揚げて、検査や清掃を行うのが一般的である。

編成両数が決まれば、電動車と付随車の比率をどうするかが課題となる。電動車の比率が大きければイニシャルコストも保守費も増加する。電動車の比率が下がればその逆となるが、故障時のことも考慮しなければならない。電動車を複数として、1両あるいは2両の電動車[*9]が故障しても運転を継続できることが望ましい。勾配がなければ問題は少ないが、勾配の途中で停止することを考慮すると電動車を増やす必要がある。

[*8] 列車運行が乱れたときの弾力性、将来の増発余地を考慮すれば、2分10秒または2分30秒間隔運転の仕様とすることも検討に値する。
[*9] 電動車2両を1組として、制御器や補助機器を集約するユニット方式が採用されることもある。1両の電動車に全ての機器を搭載することは、床下のスペースおよび重量から難しいことがある。

勾配の途中で停止したときの起動について、10両編成（6M4Tおよび5M5T）、6両編成（4M2Tおよび3M3T）と4両編成（2M2T）で検討した結果を表7-7に示す。車両質量および乗客荷重はJRIS R 1001記載のものを使用し、電動車空車質量35.7t、制御電動車質量36.9t[*10]、制御空車重量27.7t、付随車空車重量26.5t、乗客荷重21tとして計算した。なお、熱帯地域で使用する場合には、冷房装置の容量が大きくなり、それに伴って補助電源装置の容量も大きくなるので、1両当たり1t程度の質量増加を見込む必要があるが、この計算では質量増加がないものとしている。ここで、Mは電動車、Tcは制御車、Tは付随車を示す。

以上の条件から、20‰勾配では、10両編成は電動車3両が残っていれば起動可能であり、6両編成、4両編成は、電動車1両を残して他の電動車が故障した場合でも起動可能である。しかしながら、35‰勾配では、10両編成は電動車3両が残っていれば起動可能であり、6両編成は電動車2両が残っていなければ起動はできない。4両編成について、電動車1両でも起動可能である。

勾配で満員の電車が立ち往生して、健全な列車（空車）が救援に向かうケースについて、6両編成と4両編成で検討した結果を表7-8に示す。

以上の検討結果から、20‰勾配において、10両編成、6両編成、4両編成のいずれのケースでも救援可能である。35‰勾配において、5M5T、3M3Tおよび2M2Tの編成では救援ができない。したがって、4両編成では全電動車、6両編成では4M2T、10両編成では6M4Tとする必要がある。VVVFインバーター制御で電車の粘着性能が向上しているが、降雨条件等を考慮すれば期待粘着係数18%程度が実用上の限界と考えられる。試験であれば20%以上の粘着係数も測定できるが、非常時の運転を考えれば、最悪条件を考えて目標値を定める必要がある。

[*10] 電動車質量35.7tに制御車と付随車質量の差1.2tを加えた。

表 7-7 勾配起動の検討

編成両数	編成	電動車数	勾配 (‰)	編成質量 (t)	電動車 (t)	制御車 (t)	付随車 (t)	勾配抵抗 (kN)	出発抵抗 (kN)	起動時のけん引力	期待粘着係数 (%) 健全	1 M 故障	2 M 故障	3 M 故障
10	TcMMTMMTMMTc	6	20	532.6	340.2	97.4	95	104.4	15.7	120.0	3.60	4.32	5.40	7.20
		6	35	532.6	340.2	97.4	95	182.7	15.7	198.3	5.95	7.14	8.92	11.90
10	TcMMTTMTMMTc	5	20	523.4	283.5	97.4	142.5	102.6	15.4	118.0	4.25	5.31	7.08	10.62
		5	35	523.4	283.5	97.4	142.5	179.5	15.4	194.9	7.02	8.77	11.69	17.54
6	TcMMMTc	4	20	324.2	226.8	97.4	0	63.5	9.5	73.1	3.29	4.38	6.58	13.15
		4	35	324.2	226.8	97.4	0	111.2	9.5	120.7	5.43	7.24	10.86	21.73
6	TcMTMMTc	3	20	315	170.1	97.4	47.5	61.7	9.3	71.0	4.26	6.39	12.78	30.61
		3	35	315	170.1	97.4	47.5	108.0	9.3	117.3	7.04	10.56	21.11	
4	McMMMc	4	20	229.2	229.2	0	0	44.9	6.7	51.7	2.30	3.07	4.60	9.20
		4	35	229.2	229.2	0	0	78.6	6.7	85.4	3.80	5.07	7.60	15.20
4	TcMMTc	2	20	210.8	113.4	97.4	0	41.3	6.2	47.5	4.28	8.55		
		2	35	210.8	113.4	97.4	0	72.3	6.2	78.5	7.06	14.13		

成山堂書店

出版案内
2015.6

鉄道図書

　日本の鉄道は、1872年に産声をあげた。「汽笛一声……」で始まる鉄道唱歌にあるように、新橋（汐留）から横浜（桜木町）間で開業した。
　それから既に130年余、その技術は飛躍的に進歩し、いまや世界に冠たる"日本の鉄道"となった。
　技術から歴史、専門書から趣味に至るまで幅広い内容をとり揃えた成山堂書店の鉄道図書を紹介します。

写真提供：斎藤文昭

せいざんどう　検索

交通ブックス124　電気機関車とディーゼル機関車

石田周二　笠井健次郎 著
四六判 284頁 定価 本体1,800円（税別）
ISBN978-4-425-76231-6

運行管理システムなどの設計に長く従事してきた著者と、長年車両の研究に携わってきた著者の二名が、機関車の種類や動力、各国の車両、最新の技術の発展などを紹介。鉄道ファンはもちろんの事、車両の構造設計に携わる方にもおすすめ。

交通ブックス123　ICカードと自動改札

椎橋章夫 著
四六判 192頁 定価 本体1,800円（税別）
ISBN978-4-425-76221-7

今ではどこの駅にも設置され、普段何気なく使っている自動改札機。いつ頃開発され、どのような仕組みで動いているのか。そんな自動改札機の種類と構造、自動券売機、多機能化を続けるICカード乗車券のこと、そして未来の姿などを詳しく紹介。

写真集 すばらしき、アメリカントレイン

中田安治 著
A4横判 168頁 定価 本体3,400円（税別）
ISBN978-4-425-96221-1

1977年〜2010年まで、アメリカに通い撮り続けた列車の写真集。サンフランシスコからシカゴまでの大陸横断の旅紀行と、西海岸から、北はカナダのハーストまでをめぐる鉄道の旅。アメリカの鉄道会社の歴史や概要も紹介。

新幹線×陸送　COMPLETE PHOTO BOOK

荒川陽太郎 著
B5変形 120頁 定価 本体2,200円（税別）
ISBN978-4-425-96201-3

新幹線車両（N700系）の陸送写真集。約10年間、鉄道車輌のトレーラー輸送を追いかけ続けてきた著者が、日本車輌製造と豊川製作所からJR東海浜松工場までを激写。全行程46.5km陸送マップ付き。

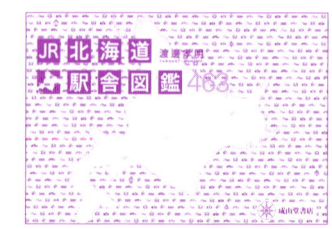

北海道JR駅舎図鑑463

渡邊孝明 著
B5判 208頁 定価 本体2,400円（税別）
ISBN978-4-425-96211-2

観光客がよく利用する函館駅のようなターミナル駅から、「え？こんな小屋みたいなのが駅！？」というものまで、JR北海道路線の全463駅を一つ一つ丁寧に紹介。歴史や駅名の由来など深く知ることができます。

交通ブックス121　日本の内燃動車

湯口　徹 著
四六判 200頁 定価 本体1,800円（税別）
ISBN978-4-425-76201-9

内燃動車（気動車）は、原動機＝ガソリン／ディーゼル機関を搭載する客車です。本書では、国鉄（JR）・私鉄を問わず、これらほぼすべての内燃動車を取り上げて、できる限り多くの写真を添えて解説しました。

交通ブックス122　弾丸列車計画
―東海道新幹線につぐ革新の構想と技術―

地田信也 著
四六判 240頁 定価 本体1,800円（税別）
ISBN978-4-425-76211-8

弾丸列車計画とは、戦前の「東京―下関間線路増設計画」のこと。本書は、新幹線誕生50年の2014年、集められた貴重な資料をもとに、この弾丸列車計画の全体像を要約している。

新交通システム建設物語　―日暮里・舎人ライナーの計画から開業まで―

「新交通システム建設物語」執筆委員会 編
A5判 258頁 定価 本体2,400円（税別）
ISBN978-4-425-96191-7

公園下の車両基地、首都高速を跨ぎ隅田川・荒川を横断する橋梁の難工事など、建設のウラ側までを徹底紹介！特徴的な建設手法であるCM（コンストラクションマネジメント）方式も詳細に解説。

交通ブックス119　LRT　―次世代型路面電車とまちづくり―

宇都宮浄人・服部重敬 共著
四六判 240頁 定価 本体1,800円（税別）
ISBN978-4-425-76181-4

人と環境にやさしい都市交通ＬＲＴを徹底解明。歴史的経緯から特徴、まちづくりとその経済効果、市民意識の重要性などを解説。ＬＲＴを実際に導入した国内外の事例も豊富に収録。

世界鉄道探検記3　―辺境をたずねる―

秋山芳弘 著
四六判 214頁 定価 本体1,900円（税別）
ISBN978-4-425-96181-8

"ユーラシア大陸をゆく""ヨーロッパめぐり"につづく第３弾。ラオス、イスラムの古都バクー、バルト三国のリトアニア、エジプト、美しい自然景観のブラジル・リオなど、世界各地のユニークな鉄道乗車記録。

電車の技術について知る！

天空列車　チベット鉄道を支える技術

小堀雄三 著
A5判 176頁 定価 本体2,500円（税別）　ISBN978-4-425-96161-0
乗車ガイド、建設計画の経緯に始まり、線路、車両、信号、運転、環境問題、アンデス鉄道との比較までチベット鉄道の全てがわかる書。

列車ダイヤのひみつ　—定時運行のしくみ—　　　　　在庫僅少

富井規雄 著
A5判 204頁 定価 本体2,600円（税別）　ISBN978-4-425-96071-2
過密ダイヤの実現や遅延ダイヤの正常化など、日本が世界に誇る鉄道の定時運行の技術とそれに携わる鉄道マンの創意工夫を紹介。

復刻版　鐵道用語辞典　　　　　　　　　　　　　　　在庫僅少

大阪鐵道局 編纂
四六倍判 958頁 定価 本体18,000円（税別）　ISBN978-4-425-30162-1
昭和10年刊行、日本最初の本格的な鉄道用語辞典を復刻。技術用語から営業、事務用語までを網羅した7000余語を収録。

鉄道の政策・行政・ビジネスについて学ぶ！

鉄道工業ビジネス　—拡大する世界市場への挑戦—

溝口正仁 監修／(社)日本鉄道車輌工業会車両工業ビジネス研究会 編
A5判 226頁 定価 本体2,400円（税別）　ISBN978-4-425-96171-9
世界の市場や鉄道工業の現状、日本を代表する鉄道車両技術等について解説。日本の鉄道が、いかに世界の「鉄道ビジネス」に取り組むべきかを提言。

実践　鉄道RAMS　—鉄道ビジネスの新しいシステム評価法—

溝口正仁・佐藤芳彦 監修／日本鉄道車輌工業会RAMS懇話会 編
A5判 190頁 定価 本体1,900円（税別）
ISBN978-4-425-96111-5

国際規格であるRAMSの基本的な考え方を海外の事例・適応例を踏まえながら解説し、国内での対応・対策を促す1冊。

日本の産業と文化をリードした鉄道の歴史を集大成!

復刻版 日本国有鉄道百年史
(全19巻)

日本国有鉄道 編纂

定価 本体300,000円(税別)／セット販売のみ※(36回迄の分割支払可)

国鉄開業100年にあたる1972(昭和47)年に発行されたわが国最大、唯一の鉄道正史の完全復刻版。本文14巻、年表、通史、索引・便覧の3冊のほか、別巻の歴史事典、写真史を加えた全19巻。入手困難な資料が満載されており、研究者・マニアにとって必要不可欠な基本図書である。

『復刻版 日本国有鉄道百年史』全19巻の構成

第1編	創業時代	2巻	年 表		1巻
第2編	幹線伸長時代	2巻	通 史		1巻
第3編	鉄道院時代	2巻	索引・便覧		1巻
第4編	鉄道省興隆時代	3巻	別巻	国鉄歴史事典	1巻
第5編	戦中戦後時代	2巻	日本国有鉄道百年写真史		1巻
第6編	公共企業体時代	3巻			

第1巻〜17巻　　B5判・上製・ケース入
第18巻・19巻　　重箱判・上製・カバー付
総頁数 約13,700頁／写真カラー約660枚、モノクロ約3,800枚

在庫僅少

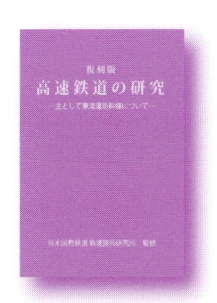

復刻版 高速鉄道の研究
—主として東海道新幹線について—

日本国有鉄道　鉄道技術研究所　監修
B5判 672頁 定価 本体18,000円(税別)
ISBN978-4-425-30371-7

世界に誇る「東海道新幹線」について、開業当時の技術をまとめており、日本産業技術史のハイライトの記録として貴重な資料である。鉄道技術について興味のある方にはたまらない1冊。

復刻版　日本国有鉄道百年史別巻　**国鉄歴史事典**　　在庫僅少

日本国有鉄道 編纂
重箱版 122頁 定価 本体10,000円(税別)　ISBN978-4-425-30165-2
「日本国有鉄道史」全19巻より、大好評の歴史事典を分売。路線網、車輌、人事、駅開業、特急列車の経緯や発展をビジュアルで理解。

鉄道の歴史を様々な角度から

鉄道がつくった日本の近代

高階秀爾・芳賀　徹・老川慶喜・高木博志 編著
A5判 336頁 定価 本体2,300円(税別)　ISBN978-4-425-30361-8
政治や文化などの他、人びとの生活感覚や行動方式にまで大きな役割を果たした「鉄道」。多彩な識者たちが「鉄道」を通して様々な分野からスポットをあてることにより、日本の「近代」の多面的な様相を浮かび上がらせる。

日本の市内電車　—1895-1945—

和久田康雄 著
A5判 256頁 定価 本体3,400円(税別)　ISBN978-4-425-96151-1
京都電気鉄道の国内初の営業運転から敗戦を迎えるまで、半世紀にわたる全国の市電車両の変遷を明らかにし、北は旭川から南は那覇まで、車両の消長をたどった貴重な1冊。

写真集　昭和の電車がいっぱい　—関西の私鉄—

中田安治 写真・文
A4横判 104頁 定価 本体3,600円(税別)　ISBN978-4-425-96141-2
電車全盛時代を駆け抜けた近鉄・南海・京阪・京福・阪急・阪神など関西・西日本の名車両をカラー写真で再現。

アメリカの鉄道史　—SLがつくった国—

近藤喜代太郎 著
A5判 264頁 定価 本体3,800円(税別)　ISBN978-4-425-96131-3
鉄道会社の隆盛や路線の延伸を振り返り、鉄道がアメリカの発展に果たした役割を技術発展とともに貴重な資料から明らかにする。

宇高連絡船　紫雲丸はなぜ沈んだか　　　　在庫僅少

萩原幹生 著
四六判 212頁 定価 本体1,800円(税別)　ISBN978-4-425-94621-1
死者168名。多くの幼い命を奪った紫雲丸沈没事故。濃霧の中での"謎の左転"、衝突。その事件の真相に(元)宇高連絡船船長が迫る。

交通ブックス211　青函連絡船　洞爺丸転覆の謎

(元)青函連絡船船長　田中正吾 著
四六判 238頁 定価 本体1,500円(税別)　ISBN978-4-425-77102-8
1954年9月26日、1430名の命を奪った大惨事「洞爺丸事件」から様々な教訓を学んだ(元)青函連絡船船長が本事件の全てを解説。

観光船　讃岐丸物語　—元宇高連絡船の航跡—　在庫僅少

萩原幹生 著
四六判 170頁 定価 本体1,400円(税別)　ISBN978-4-425-94671-6
航路廃止後、観光船として唯一残された鉄道連絡船讃岐丸。乗船時のエピソードから船内教育、連絡船のその後など船長ならではの視点で綴った航海記。

外国の鉄道見聞記、あれこれ

世界鉄道探検記 2 ―ヨーロッパめぐり―

秋山芳弘 著
四六判 200頁 定価 本体1,800円(税別)　ISBN978-4-425-96051-4
正編に続く第2弾。技術者ならではの視点で欧州各国の鉄道事情をつぶさに紹介。巻末に「実戦的外国語会話学習法」「海外でのトラブル」収録。

世界の通勤電車ガイド

佐藤芳彦 著
A5判 180頁 定価 本体2,600円(税別)　ISBN978-4-425-92451-6
世界主要27都市で通勤通学に利用されている近郊鉄道や路面電車について総合的に紹介。豊富な写真と図面により各鉄道の運営形態や利用方法から車両技術や施設までを概説。

続 イギリスの鉄道のはなし ―蒸気機関車と文化―

髙畠 潔 著
A5判 272頁 定価 本体3,000円(税別)　ISBN978-4-425-96101-6
様々な面で当時の最高水準に達した英国鉄道、鉄道発祥国の技術と文化をあらゆる逸話から紹介。正編に続く第二弾、英国鉄道の魅力満載。

交通ブックスシリーズ ―鉄道編―

交通研究協会 発行

108　やさしい鉄道の法規 ―JRと私鉄の実例―

和久田康雄 著
四六判 218頁 定価 本体1,500円(税別)　ISBN978-4-425-76074-9

113　ミニ新幹線誕生物語

ミニ新幹線執筆グループ 編著
四六判 220頁 定価 本体1,500円(税別)　ISBN978-4-425-76121-0

114　自動改札のひみつ【改訂版】

椎橋章夫 著
四六判 218頁 定価 本体1,500円(税別)　ISBN978-4-425-76132-6

115　空港と鉄道 ―アクセスの向上をめざして―

佐藤芳彦 著
四六判 184頁 定価 本体1,500円(税別)　ISBN978-4-425-76141-8

116　列車ダイヤと運行管理

列車ダイヤ研究会 編著
四六判 230頁 定価 本体1,600円（税別）　ISBN978-4-425-76151-7
新幹線や高密度の首都圏ダイヤ、特徴的な在来線などJR東日本の実例を多数収録し、ダイヤ作りと運行管理のすべてを紹介する。

117　蒸気機関車の技術史

齋藤 晃 著
四六判 244頁 定価 本体1,600円（税別）　ISBN978-4-425-76161-6
190点余りの車両側面図や写真を用いて、栄枯盛衰に富んだ蒸気機関車の技術的発展の足跡を明らかにする。

118　電車のはなし　―誕生から最新技術まで―

宮田道一・守谷之男 共著
四六判 264頁 定価 本体1,800円（税別）　ISBN978-4-425-76171-5
運行と車両技術のそれぞれの専門分野に長らく携わってきた技術者二名による、電車に関する技術（材質・集電・制御・ブレーキモーター・台車等）を幅広く網羅。

120　進化する東京駅　―街づくりからエキナカ開発まで―

野﨑哲夫 著
四六判 228頁 定価 本体1,600円（税別）　ISBN978-4-425-76191-3
東京駅の開業からの歴史に加えて、JR東日本誕生後に本格化したエキナカ開発と、これらと連係した周辺地区開発を総合的に紹介。

FAX でのご注文は⇒ 03-3357-5867

＊下記にご記入のうえ、ご送信ください。

E-mail でのご注文は⇒ order@seizando.co.jp 【ご注文専用アドレス】

＊件名には「注文」とご明記くださいますようお願いします。
＊内容は、下記「お客様ご記入欄」の項目をご記入ください。

発送費とお支払いについて

商品の発送にあたっては、発送費（実費）が別途かかります。

法人のお客様
ご注文いただいた後、商品とともに請求書と振替用紙を同封してお送りします。郵便局または銀行でのお振込をお願いいたします。

個人のお客様
代金引換のみの発送となります。
代金引換手数料　1万円未満：324円／1万円以上3万円未満：432円／3万円以上10万円未満：648円

会社名／お名前	書店印
お電話番号	
お送り先ご住所（〒　　　－　　　　）	

お問い合わせは⇒ 03-3357-5861
〒160-0012　東京都新宿区南元4-51　　（せいざんどう）検索　―難しい専門知識を万人に―　㈱成山堂書店

表7-8 救援列車による勾配起動のケース

編成両数	編成	電動車数	勾配 (‰)	編成質量 (t)	電動車 (t)	制御車 (t)	付随車 (t)	勾配抵抗 (kN)	出発抵抗 (kN)	起動時のけん引力	推進電動車重量	期待粘着係数 (%) 健全	期待粘着係数 (%) 1M故障	期待粘着係数 (%) 2M故障
10	TcMMTMTMTMMTc	6	20	855.2	554.4	152.8	148	167.6	25.1	192.8	214.2	9.18	11.02	13.77
		6	35	855.2	554.4	152.8	148	293.3	25.1	318.5	214.2	15.17	18.21	30.34
10	TcMMTTMTMMTc	5	20	836.8	462.0	152.8	222	164.0	24.6	188.6	178.5	10.78	13.48	17.97
		5	35	836.8	462.0	152.8	222	287.0	24.6	311.6	178.5	17.81	22.27	29.69
6	TcMMMMTc	4	20	522.4	369.6	152.8	0	102.4	15.4	117.7	142.8	8.41	11.22	16.83
		4	35	522.4	369.6	152.8	0	179.2	15.4	194.5	142.8	13.90	18.54	27.80
6	TcMTMTMTc	3	20	504.0	277.2	152.8	74	98.8	14.8	113.6	107.1	10.82	16.24	32.47
		3	35	504.0	277.2	152.8	74	172.9	14.8	187.7	107.1	17.88	26.82	53.65
4	McMMMc	4	20	396	396	0	0	77.6	11.6	89.3	145.2	8.36	8.36	25.09
		4	35	396	396	0	0	135.8	11.6	147.5	145.2	13.82	20.73	41.45
4	TcMMTc	2	20	337.6	184.8	152.8	0	66.2	9.9	76.1	71.4	10.88	21.75	
		2	35	337.6	184.8	152.8	0	115.8	9.9	125.7	71.4	17.97	35.94	

都市鉄道で、地下から地上に出るような区間では35‰のような急勾配が採用される可能性が高く、車両火災発生時など、なるべく早く地上に脱出させるために車両性能を決める必要がある。トンネルがなければ、もう少し柔軟に考えることもできる。

(2) 車両性能

加速度および減速度は最小運転時隔に影響するので、なるべく高い性能を求めがちであるが、車両の粘着性能[*11]の制約と停車駅での乗降時間を勘案して最適な数値を選定する。かつてのJR山手線の例では加速度0.56m/s^2、減速度0.97m/s^{2}で2分15秒間隔の運転を行っていた。この場合、混雑の著しい駅での乗降時間短縮のため6扉車を導入した。STRASYAでは、表7−1に示す地下鉄と同じ加速度0.92m/s^2、減速度0.97m/s^{2}としている。ヨーロッパの地下鉄の例では、加速度や減速度を1.0m/s^{2}より高い値とするものもあるが、カタログデータとしては良いが、実用上は問題がある。すなわち、全線が地下区間であれば雨や落ち葉による粘着低下はないが、地上区間では雨、埃や落ち葉により車輪とレール間の粘着性能が低下することを考慮する必要がある。最小運転時隔は、加減速度の他に中間駅での乗降時間、ターミナル駅での折り返し時間で決まるので、それらを検証した上で、加減速度を選定する。

駅間距離が1km程度であれば、実際の運転速度は最高80km/h程度であり、最高運転速度をそれよりも高くする意味はない。快速運転を行うにしても、必ずしも最高運転速度を上げる必要はない。駅を通過することによる時間短縮効果が大きいからである。JRの通勤電車で最高速度130km/hの仕様のものもあるが、駅間距離が長くなければ最高速度に達することはできなく、宝の持ち腐れとなる。最高速度を高くすれば、台車やブレーキもそれ相応の設計とする必要があり、軌道や電車線の保守にも影響し、コスト増となる。

[*11] 車輪とレールの摩擦力で加速減速を行うので、物理的技術的な限界がある。同時に高加減速度は電力消費量増加につながり、車輪の滑走や空転に伴う保守量の増加ももたらす。

線形データを基に、加減速度、最高運転速度、駅の乗降時間をパラメーターとした走行シミュレーションを行い、全線の走行時間と最小運転時隔から必要となる列車本数を見積り、加減速度、最高運転速度を決める。最小運転時隔は、先に述べたように加減速性能だけで決まるものではないので、折り返し駅における交差支障も個別に検証する。仕様上は2分10秒間隔運転を謳っていても、実際は2分30秒となることが多いので、実用上は2分30秒あるいは3分で考えるべきであろう。発展途上国で、乗客が混雑した列車に乗りなれていないこと、鉄道係員の教育訓練の未熟さを考慮すると、3分間隔が一つのターゲットと考えられる。日本の通勤列車が2分10秒間隔で正確に運行されている影には、訓練された係員と乗客の存在がある。

7.3.2 車両の乗車可能人員

乗車可能人員はサービス水準を示すものでもあるので、混雑時、デイタイムおよび早朝深夜で異なる。混雑時は物理的に乗車可能な人員、早朝深夜は座席数以下、デイタイムは両者の中間として計画する。このように述べるとあいまいであり、どれ位の混雑かあるいは空き具合かを定量化してほしいとの要求がある。日本式は座席数に立席定員(車両床面席から座席および座席前端から250mmの空間を控除した面積について1人当たり0.3m²として算出*12)を加えたものを定員として、定員の何%乗車(混雑率)まで許容するかで査定している。ピーク時間帯について、東京の通勤電車では150%を目標としているが、実態を反映して当面の混雑率180%としている。車両設計上は250%で計算している。なお、旅客一人当たりの重量は55kgとしている。したがって、250%のときには、20.6t切り上げて21tとなる。

混雑率と乗客密度がどのようになるかをJRIS R1001の標準車両

---

*12 JIS E7103通勤電車設計通則

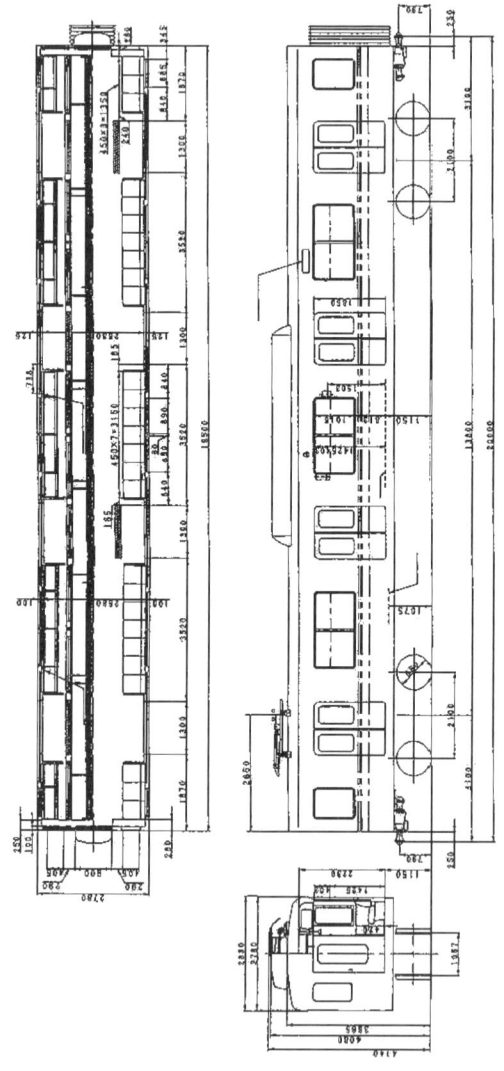

図7−3　JRIS R1001に記載の中間車の例

第7章 輸送計画　111

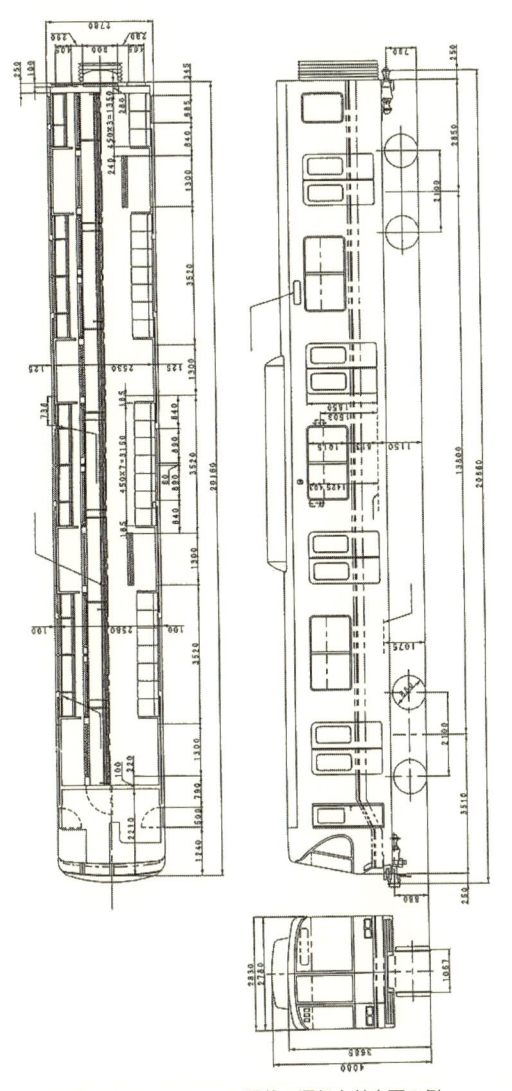

図7-4　JRIS R1001記載の運転台付車両の例

運転台付車両（Tc）

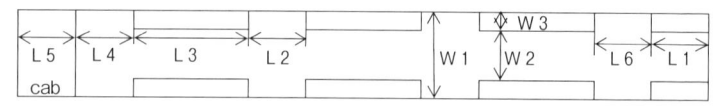

中間車

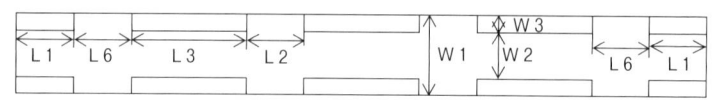

図7-5　床面積と乗車人員

表7-9　床面積計算のデータ

単位：mm

	L1	L2	L3	L4	L5	L6	W1	W2	W3	W4	L7	座席前床面積	扉部床面積	合計
運転台付	1350	1670	3150	1635	1970	1555	2580	1480	550	900	150	10.6	17.0	27.6
中間車	1350	1670	3150			1555	2580	1480	550	900	150	11.9	16.9	28.8

W4：貫通路の幅、L7：貫通路の奥行

（20m車、図7-3および図7-4参照）を例に床面積と乗車人員を図7-5により計算する。

　それぞれのパラメーターを表7-9に示す。

　運転台付車両の座席部を除いた客室床面積は27.6m^2、中間車の座席部を除いた客室床面積は28.8m^{2}となるので、日本式で計算した定員は、運転台付140（座席48を含む）、中間車150（座席54を含む）となる。中間車の混雑率100％、180％と250％に対応した平米当たり立席数は表7-10に示すようになる。

　混雑率の考え方[*13]は海外では馴染みがないので、平米当たりの

[*13]　鉄道営業法第二十六条「鉄道係員旅客ヲ強ヒテ定員ヲ超エ車中ニ乗込マシメタルトキハ三十円以下ノ罰金又ハ科料ニ処ス」とあるが、通勤電車は旅客が自発的に定員を超えて乗車するとの解釈で、混雑の実態を容認している。これから、混雑率の概念が生まれたものと推察する。しかし、海外プロジェクトでは鉄道営業法は適用されないので、立席数を明確に定義する必要がある。

表7-10 平米当たり立席数

混雑率	乗車人員	着席	立席	平米当たり立席数
100%	150	54	96	3.3
150%	225	54	171	5.9
180%	270	54	216	7.5
250%	375	54	291	11.1

小数点第一位は四捨五入

立席数をサービス水準の指標として使うことが多い。欧州都市鉄道の例では、平米当たり平均4人、最大8人としている。混雑率でいえば、それぞれ110%、190%に相当する。日本や東南アジアのように人と人との密な接触に抵抗が少なければ、平米当たり11人を最大乗車人員としても許容されるであろう。しかしながら、過去の東京圏の通勤電車の混雑状況から平米当たり11人を越えて乗車することには大きな困難が伴う。

以上の議論はロングシートを前提にしており、クロスシートであれば、立席床面積は小さくなり、列車当たりの最大乗車人員も少なくなる。

7.4 設備故障時の対応

輸送計画策定において、設備故障あるいは車両故障時の対応を考慮する必要がある。以下に故障対応の基本的考え方を述べる。

7.4.1 変電所故障

電力会社から受電する変電所、「受電変電所」は複数として、図7-6に示すように受電変電所の下につながるき電変電所は全ての受電変電所から給電可能とする電力ケーブルを敷設するとともに、受電系統もそれぞれ独立させ、電力会社の送電網のトラブルによる停電のリスクを低減する。また、一つの受電変電所がダウンしても、他の変電所から給電可能とするよう受電変電所の容量を決定する。

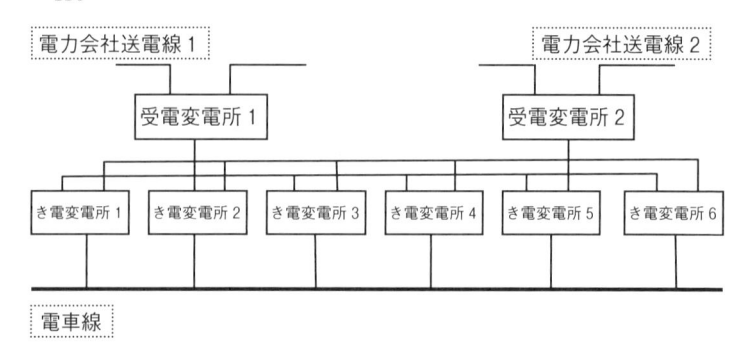

```
電力会社送電線 1                    電力会社送電線 2
       │                                  │
   受電変電所 1                       受電変電所 2
   ┌──┬──┬──┐                    ┌──┬──┬──┐
き電変電所1 き電変電所2 き電変電所3 き電変電所4 き電変電所5 き電変電所6
```

電車線

図7-6　列車走行用電力給電概念図

受電変電所の下にいくつかのき電変電所が接続される。したがって、き電変電所は、受電変電所にいずれか一つがダウンしても、他の受電変電所から電力が供給される。受電変電所に設置する変圧器は少なくとも3台とし、2台で必要な電力を受電・給電するように1台当たりの容量を決める。2台のうち1台が故障した場合には、3台目の変圧器が故障した変圧器の代わりに受電および給電を行う。すなわち、3台目の変圧器は待機予備としている。このような機器構成とすることによって、変圧器が故障しても、列車運行に影響を及ぼさないようにしている。変圧器のような注文生産品であれば故障変圧器の代替品納入に数カ月以上かかるので、一見無駄とも思えるような待機予備が必要となる。開業時に輸送量が少なく、1台の変圧器で給電出来る場合には、最初に変圧器を2台設置し、そのうちの1台を待機予備とし、輸送量が増えた段階で3台目の変圧器を増設するという方法もある。

　き電変電所からフィーダー線を通して電車線に列車走行用の電力（直流1500Vや交流25kVなど）を供給する。き電変電所の設置間隔および容量は、一つのき電変電所がダウンしても、隣接するき電変電所から十分な電力を給電して、列車運行に支障しない条件で決定する。き電変電所の変圧器および整流器も待機予備の考え方で機器構成に冗長性をもたせる。

信号、通信、駅設備等の電源として、受電変電所およびき電変電所から専用の高圧配電線（三相交流11kVあるいは6.6kV）を設けることが望ましい。高圧配電線も変電所間をループ接続して、いずれの変電所がダウンしても、残りの変電所がバックアップするようにする。列車運行および鉄道事業に直接かかわる設備の電源は、専用として、一般電源の停電のリスクを回避する。発展途上国では、電力事情が厳しいため、一般電源の停電が頻繁に起こる可能性が高く、鉄道専用の電源とすることで鉄道の安定運行を保証する。専用電源とするもう一つのメリットは、列車のブレーキによる回生電力の受け皿[*14]となることである。

駅構内の鉄道事業の用に供する設備以外については、一般電源から受電することもある。

電力設備設計の詳細については第8章に述べる。

7.4.2 電車線故障

電車線破断などの故障は、列車の運行に直接影響するので、電車線数kmごとに設けるき電区分所あるいは遮断器によって故障個所を速やかに切り離し、他の区間への電力供給が行えるようにする。同時に、列車の運転系統を変更する。そのため、路線内に数kmごとに列車の折り返し用の分岐器あるいは折り返し線を設ける。これは軌道のレール破断時も同様である。

折り返し線は輸送需要の段差が大きい駅に設けることとなるが、折り返し用の分岐器は必ずしも折り返し線を伴わない。

以上のような異状時の列車運行のシナリオを輸送計画あるいはシ

[*14] 電力回生ブレーキは、ブレーキエネルギーを電力に変換して電車線に供給するが、他の列車の駆動用電力として吸収されなければ、車両側で電気ブレーキを機械ブレーキに切り替える。電力の吸収効率を上げるため、変電所にインバーターを設けて回生電力を電源側に戻すようにする。しかし、回生電力を電力会社側に戻しても、電力会社側は電力送電系統の波形や周波数を乱す邪魔者ととらえているので、電力料金には反映されない。したがって、回生電力は鉄道施設内で消費することとなる。

ステム運営計画に反映し、軌道、信号、通信および駅設備などの設計に反映させる。

7.4.3 信号故障

信号設備は列車検知、列車制御、進路制御（駅および車両基地の分岐器）および列車監視の各サブシステムから構成されている。列車検知は軌道回路または無線などにより列車の位置を検知し、他のサブシステムによる制御に必要な情報をつくる。列車制御は前方の列車位置と自身の列車位置情報から、前方の列車と一定間隔以上で列車速度を制御し、必要に応じて列車のブレーキをかける。すなわち自動列車防護装置（ATP[*15]）である。進路制御は列車監視システムと共同して駅の分岐器の開通方向を制御する。列車検知および列車制御と連動して、一つの列車が関連する分岐器を通過し終わったことを検知・確認して、次の列車のための進路（分岐器開通方向）を制御する。それぞれのサブシステムが2重系あるいは3重系の機器やケーブル構成として、いずれか一つが故障しても残りの機器およびケーブルで所定の機能を果たすようにしている。また、故障時には安全側になるような「フェイルセーフ」を設計の基本としているので、信号システムの冗長系でもカバーできない故障が発生すれば、即列車停止となる。

信号設備として自動運転装置（ATO、Automatic Train Operation）がある。基本的には列車の安全に直接関係する保安装置ではないので、ATPにより列車運転の安全を担保した上で、乗務員の操作を補助して、列車の発車から停止までを制御する。すなわち、ATPには列車の加速を制御する機能は無く、加速・減速の操作は乗務員が行い、ATPはそのバックアップとして前方の列車との間隔制御や速

[*15] 日本では自動列車停止装置（ATS、Automatic Train Stop）あるいは自動列車制御装置（ATC、Automatic Train Control）の用語が使われているが、国際的にはATSとATCの両方を合わせた自動列車防護装置（ATP、Automatic Train Protection）が使われる。

度制限個所の速度制御などを行う。ATO は駅と駅の間で加速と減速制御を行い、所定の運転時刻で運行し、停車駅での停止位置の制御を行う。このように ATP と ATO では機能に相違があり、ATO が機能しなくても ATP による運転が可能である。ATP が故障した場合には、前方の列車との間隔制御ができなくなるので、運転速度を25km/h 以下として、目視で前方の列車との追突防止を行う。このように、それぞれのシステム故障に対する運転ルールが決められているので、それぞれに対応する「ATO 開放運転」、「ATP 開放運転」などの列車運転モードを設定し、車上装置でそれらの切り替えを行う。安全規則および運転マニュアルにもその手続きを明記するとともに、車両の制御もそれに対応したものとし、ATP 開放運転の場合には、車両の制御器で最高速度25km/h 以下となるように制御する。

また、ATP による列車間隔制御が不能となった場合には、代用信号により運行されるので、その手続きおよび設備を整備する必要がある。

停電時の信号設備の電源バックアップとしてバッテリーによる非常電源 UPS を設置する。UPS がカバーできる時間を超えた場合には、信号設備がダウンするので、電源供給が再開された場合に、列車位置、分岐器開通方向、信号現示情報を速やかに収集し、列車運行を開始する必要がある。信号システム内のメモリー情報に拠るだけでは、停電中に車両の移動あるいは手動による分岐器操作がなされた場合に危険であるので、長時間停電後の再開メカニズムをシステム設計に組み込むことが重要である。

7.4.4 通信システム故障

通信回線として電磁波の影響を受けにくい光ファイバーケーブルが用いられる。デジタル技術による暗号化通信で情報のセキュリティを確保する。光ファイバーケーブルは、基地局（ノード）間をループ接続し、ケーブルが一箇所断線しても、迂回ルートにより通

信を確保するようにしている。列車と地上との通信はデジタル無線によりデータ伝送のセキュリティと信頼性を確保する。通信システム故障に対しては、故障モードを想定し、それらに対応した運転マニュアルを整備する必要がある。

　セキュリティ確保のため、鉄道事業に供する通信ネットワークはスタンドアローンとして、他の通信ネットワークから独立したものとする。警察、消防や外部との連絡には、それぞれ独立した回線を用意する。インターネットや携帯電話に接続することはできない。必要であれば、それぞれ独立した回線を用意しなければならない。外部ネットワークと接続すれば、如何にファイヤーウォールを設けるとも、外部からの侵入を防ぐことは難しい。

7.4.5　車両故障

　車両故障に対する応急措置は車両側で行うが、列車の運行に支障のあるような重度の車両故障に対しては、健全な列車で故障した列車を推進または牽引して、車両基地まで移動させる必要がある。しかしながら、路線長が長い場合には、車両基地までの移動に多くの時間がかかり、その間、その他の列車の運行ができなくなるので、路線の中に故障車両の収容線を設けることが行われている。折り返し駅の線を収容線として使うこともあるが、鉄道システム全体の安定性を確保するためには、いくつかの駅に営業用列車の発着線と別に収容線を設けることが望ましい。一見無駄なように見えるが、故障車が線路をふさいで、長時間、営業列車の運行を妨げる事態を防ぐことができる。

7.4.6　保守作業による障害

　列車運行時間帯と鉄道設備の保守作業時間帯を分けることが安全上重要であるが、レール、電車線、ケーブル類の目視点検のような作業は列車運行時間帯に行うこともある。すなわち、夜間の照明だけでは、点検作業の能率が悪いので、日中時間帯に作業を行うこと

第 7 章 輸送計画　119

前方避難の例：運転台の前面扉を開け、非常用踏み段により、線路上に旅客を誘導する。（京浜急行1000形、京急ファインテック久里浜事業所）

前方避難では軌道内を通行するため、バラストや約60cm間隔の枕木上を歩行することは難しいので、枕木間の隙間を埋めるためにブロックを設置するか、枕木上に歩行用板を設置する。上野東京ライン御徒町駅付近の例。

になる。この場合の安全確保のためには、保守要員と列車運行管理センター（OCC、Operation Control Centre）および列車乗務員との連絡手段が必要であり、専用の無線通信機および沿線電話機が必要である。セキュリティおよび通信の信頼性確保の観点から、一般の携帯電話をこの目的に使うことはできない。

7.4.7 避難経路

車両故障あるいは送電故障などで乗車中の旅客を列車から降ろして最寄りの駅まで避難させる必要があり、避難方法を予め決めなければならない。列車から避難する場合、前方避難と側方避難の2つがある。前方避難は、列車の最前部あるいは最後部運転台の扉から線路上に降り、線路上を歩いて最寄りの駅まで避難する。側方避難は、車両の側扉から高架橋桁上部あるいはトンネル側壁に設けた避難通路に移り、最寄りの駅まで避難する。前者はトンネル断面を小さくできるが、軌道上に歩行用通路を設ける必要がある。後者は

側方避難の例：シールドトンネルでは側壁中央に空間があるので、それを利用して避難通路を設けることができる。高架橋では桁の上部を避難通路として使う。ミラノ地下鉄3号線の例。

ボックス型トンネルの場合には避難通路用空間を確保する必要があるが、円形断面のシールドトンネルでは側壁部分の空間を避難通路として利用できる。

いずれを採用するかによって、土木構造物、軌道および車両の構造が異なる。

7.4.8 火災

火災発生時の対策は、防災計画に記すことになるが、輸送計画あるいはシステム運営計画では、火災発生時の運転取扱と必要な設備、備品について明記すべきである。それぞれの契約パッケージの作業範囲（Scope of Works）には設備は網羅されるが、備品（消火器、ハンドマイク、非常用懐中電灯、酸素ボンベ、マスクなど）は契約パッケージから除外されることが多いので、誰が何処に備品を準備するか、保管・維持するかを規定する必要がある。

7.4.9 自然災害

自然災害としては、地震、強風や洪水が想定され、それらに対する対応を輸送計画あるいはシステム運営計画の中に明記する必要がある。

地震に対しては、土木および建築などは耐震基準により設計・施工されるが、地震計の設置、地震発生の際の情報伝達および運転取り扱いについては、土木・建築パッケージの入札図書には記述されないことがあるので、輸送計画あるいはシステム運営計画で取りあつかうことが重要である。

強風に対しては、土木、建築および電車線などの設計にも係わるので、沿線の風速データ、強風の発生する個所についての事前調査が欠かせない。事前調査結果に基づいて、風速計の設置場所を特定し、入札図書の中に明記するか、受注者に再調査を行わせて、確認を取る必要がある。輸送計画あるいはシステム運営計画には、風速による運転規制を明示する必要がある。

洪水は、土木、建築および変電所の設計に影響する。事前調査による洪水レベルを、50年あるいは100年間の最大値で推計する。輸送計画あるいはシステム運営計画上は、雨量計あるいは洪水計設置個所の特定、洪水レベルによる運転規制を明示する必要がある。

7.5 電車の留置スペース

輸送計画で考察したように、必要な列車本数が決まれば、それらを何処に留置するかが問題である。ピーク時間帯を過ぎれば、多くの列車は車両基地に戻るので、留置スペースを確保しなければならない。重保守用の予備車は検査線あるいは工場に留置されるので、その他の列車は車両基地の留置線あるいは駅に収容される。

朝の始発列車を全て車両基地から出すことは無駄が多いので、車両基地と反対側の始発駅や中間駅に列車を夜間留置し、翌朝の始発列車として使用することが多い。したがって、全体の列車本数から、駅留置の本数および重保守の本数を差し引いた本数に相当する留置線を設ける必要がある。今回使用したモデルで、ターミナル駅等での留置を3本とすれば、総本数29、重保守用予備1から車両基地の留置線は25本となる。

検査および清掃用の設備については後に述べる。

7.6 有人運転と無人運転

7.6.1 有人運転の課題

新規に建設する都市鉄道において有人運転とするか無人運転とするかは大きな課題である。既存の鉄道がある場合には、乗務員（動力車操縦）を既存の鉄道から都市鉄道に転換させること、あるいは既存の鉄道の乗務員養成システムを使って、乗務員の採用、教育訓練を行って、必要な要員を確保することは可能であろう。しかしながら、既存の鉄道の乗務員が活用できない場合には、無人運転も検討課題となる。バンコクの都市鉄道は、受注者が鉄道の運営も行っているので、外国人の乗務員を使って、列車の運行を行っている。

台湾高速鉄道の例では、台湾鉄道庁の乗務員を転換して運転に従事させることができなかったので、外国人乗務員による運転を行っていた。鉄道のハードをつくっても、乗務員、駅員や保守要員が確保できなければ、鉄道の運営はできない。

列車に乗務員（動力車操縦）を乗務させる根拠は、国土交通省令第11条、すなわち「列車に、動力車を操縦する係員を乗務させなければならない」との規定であり、日本の鉄道は動力車操縦免許を保持した乗務員による運転が義務付けられている。無人運転の要件として、第11条に、「ただし、施設及び車両の構造等により、当該係員を乗務させなくても列車の安全な運転に支障がない場合は、この限りでない」の規定があるものの、具体的な条件は明記されていない。

一方、国土交通省令第11条の２には、「動力車を操縦する係員は、動力車操縦者運転免許に関する省令（昭和三十一年運輸省令第四十三号）第四条第一項第一号から第八号まで及び第十二号の運転免許を受けた者でなければならない」と規定しており、免許の取得要件を示している。しかし、この規定が海外で使えるかとなると、問題がある。日本で取得した動力車操縦免許を海外でも使用可能とすることは相手国政府機関の承認を得れば可能であろうが、外国人を日本の法令に従って教育訓練して、動力車操縦免許を取得させるようにはなっていない。したがって、乗務員をどのようにして、採用し、教育訓練を施し、相手国の法令に沿った動力車操縦免許を取得させるかについての議論がほとんどなされていないのが実情である。

有人運転は運転士と車掌が乗務することを基本として、その派生形として運転士のみのいわゆるワンマン運転がある。車掌はドア扱い、安全確認等が主な業務であるが、車掌を省略できる条件は国土交通省の通達[*16]に規定されているので、海外プロジェクトでワンマン運転を行う場合には、車両の要求仕様に織り込む必要がある。あるいは、相手国の法令があれば、それを記載する。通達の車両の

---

*16　鉄技第66号・建設省道政発第73号（1996年９月２日）

PSD 設置によるワンマン運転（目黒線多摩川駅）

構造要件は次のとおりである。
1) 最前部となる車両の運転室には、運転士が運転操作を継続することができない状態となった場合に、自動的に車両を急速に停止させる装置を設けること。
2) パンタグラフは、最前部となる車両の運転室において下降させることができる構造であること。
3) 旅客用乗降口扉には、自動戸閉め装置を設けること。
4) 自動戸閉め装置は、扉を閉じた後でなければ発車することができない構造であること。
5) 最前部となる車両の運転室には、旅客用乗降口扉の戸閉め確認装置及び自動戸閉め装置の操作装置を設けることとし、運転士が定位置で容易に確認又は操作できるものであること。ただし、戸閉め確認装置については、運転士が定位置において容易に扉の開閉を直視で確認できるものにあっては、この限りでない。
6) 最前部となる車両の運転室には、運転士が定位置で容易に車

内に放送できる装置を設けること。
 7) 使用しない運転室及び車掌室の主要機器は、旅客が操作できない構造であること。
 8) 旅客用乗降口扉の付近には、非常の際、旅客が手動により旅客用乗降口扉を開くことができる操作装置を設けること。
 9) 客室内には、運行形態に応じて相当数の降車合図装置を設けること。
10) 客室内には、非常通報装置又は非常停止装置を設けること。ただし、運転士の乗務する車両であって、旅客が運転士に容易に通報できる構造を有している車両にあっては、この限りでない。
11) 8) 及び10) の装置の設置位置及び取扱方法を、旅客の見やすいように表示すること。
12) 11) の表示は、主たる電源の供給が断たれた状態においても確認できるものであること。
13) 1)、3)、6) 及び10) の装置は、主たる電源の供給が断たれた状態においても機能すること。
14) 旅客用乗降口扉の開閉時に、旅客の乗降状況を運転士が定位置において車両の全ての扉にわたって明瞭に確認できる鏡等の設備を車両又は停留場に設けること。
15) 連結する車両には、貫通口及び貫通路を設けること。

　この通達は、都市鉄道だけではなく、輸送密度の低い線区でのワンマン運転も対象としているので、PSD いわゆるホームドアの規定はない。しかしながら、都市鉄道では旅客の安全確保のために、PSD とそれに連動する信号システム（ATO を含む）も必要となる。信号システムの詳細については後に述べる。

　有人運転を前提にするならば、乗務員の採用と教育訓練をどのような仕組みと手順で進めるかについて、相手国政府機関あるいは発注者と事前に協議し、合意を得るべきである。日本の法令[*17]では、座学6カ月、ハンドル訓練400時間の規定があり、これを満たすた

めには、開業の2年前には乗務員の教育訓練を始めなければならない。これは、ATP/ATO 設置線区であっても、故障の場合にマニュアルで運転できるようにするとの考え方であり、ATP/ATO の限定免許の概念はない。

有人運転のためには、乗務員の出退勤管理、休憩所などの施設が必要となる。それらには、時計、列車運行管理情報の表示、通信設備などを設ける必要がある。夜間の乗務員の宿泊については、日本と海外の常識が異なるので、発注者との議論が重要である。

7.6.2 無人運転の課題

神戸ポートライナー、東京ゆりかもめ等の新交通システム（AGT）では1981年以降、無人運転が行われている。開業当初は旅客の誘導案内のためにアテンダントが乗車していたが、いまではほとんど無人で運行されている。AGT では無人運転が常識となっている。また、リール、トゥルーズ、台北等に導入されているフランスのゴムタイヤ式中量輸送システム VAL（Véhicule Automatique Légere）も無人運転である。

地下鉄の無人運転はフランス・リヨンの D 号線で1992年に開始され、その後、ロンドン・ドックランド線（1999年）、パリ14号線（1998年）、シンガポール北東線（2002年）、ドバイメトロ（2009年）、釜山都市鉄道6号線（2011年）等が開業している。さらに、既存線の無人運転化もパリ1号線（2013年）で行われている。

各種の無人運転システムがヨーロッパ、米国、日本等で導入されたが、無人運転のための要求仕様（技術基準）はまちまちであった。例えば、リヨン D 号線およびドックランド線はプラットホームに PSD を設けていない。このような背景から、世界的に無人運転を拡大しようとするときに、どのような基準を設けるかが課題となり、IEC/TC 9（鉄道部会）で都市鉄道の無人運転に関する規格制定が議

---

*17 動力車操縦免許に関する省令、国土交通省、2012年3月

フランス・リヨン地下鉄D号線、ホームと車内に監視カメラを設けた無人運転、PSDは設置していない。

フランス・パリ地下鉄14号線、ホームと車内に監視カメラを設けた無人運転、フルハイトのPSDを設置している。

シンガポール地下鉄北東線、先頭車に運転台はない。鉄輪鉄軌条で無人運転を行っている。ホームと車内に監視カメラを設け、フルハイトの PSD を設置している。

論された。その結果、無人運転のための要件がまとめられ、2005年に公開仕様書 IEC/PAS 62267が発行され、2009年に IEC 62267[18]として制定された。この規格制定のワーキンググループには日本からも参加している。IEC 62267は、列車運行形態を表7-11のように分類している。

ここで、TOS、NTO および STO は乗務員（運転士）が乗務し、列車の運転を行うが、DTO は運転士の操作は全て自動とし、旅客の安全確認、異常時の避難誘導を行う乗務員（アテンダント）を乗務させる。

一方、日本の基準は国土交通省の告示[19]で「自動運転装置は、線路の条件に応じ、円滑な列車の運転を行うことができるものであること」と規定されているのみで、具体的内容は明記されていない。

---

[18] IEC 62267 Automated Urban Guided Transport（AUGT）Safety Requirements
[19] 特殊鉄道に関する技術上の基準を定める告示（2001年12月25日）

表 7-11 列車運行形態の分類

列車運転の基本機能		有視界列車運転 TOS	非自動列車運転 NTO	半自動運転 STO	運転士無の自動運転 DTO	無人運転 UTO
		GOA 0	GOA 1	GOA 2	GOA 3	GOA 4
列車の安全な移動の保証	安全なルートの保証	X（システム内の分岐器指令/制御）	S	S	S	S
	安全な列車間隔の保証	X	S	S	S	S
	安全な速度の保証	X	X（システムによる部分的監視）	S	S	S
運転操作	力行およびブレーキ制御	X	X	S	S	S
軌道の監視	障害物との衝突防止	X	X	X	S	S
	旅客との衝突防止	X	X	X	S	S
旅客乗降の監視	扉の開閉制御	X	X	X	XまたはS	S
	車両間または車両とプラットホーム間の旅客傷害防止	X	X	X	XまたはS	S
	安全な起動条件の保証	X	X	X	XまたはS	S
列車の運転	列車の運転開始および終了	X	X	X	X	S
	列車状態の監視	X	X	X	X	S
非常事態の検知および管理	列車診断、火災・煙検知および脱線、非常時の取扱	X	X	X	X	SもしくはOCCの係員

記事：Xは運転係員の責任（技術的システムで対応可能）、Sは技術的システムで対応

したがって、海外プロジェクトで無人運転を検討する際には、IEC 62267がベースとなる。

IEC 62267の区分に規定された技術システムで対応する部分について以下に考察する。

(1) 安全なルート（進路）の保証

信号と分岐器のインターロックシステムにより行われる。最新のインターロックシステムはコンピュータによる制御で、安全度水準 SIL 4 [20]の認証を要求して、安全性を確保している。

(2) 安全な列車間隔の保証

列車と列車の間隔を制御して追突や衝突を防止する ATP により行われ、これは都市鉄道の基本システムの一つとなっている。ATP についても SIL 4 の認証を要求している。ATP は NTO 以上に対応する設備と言える。

(3) 安全な速度の保証

上記 ATP による速度制御を行うとともに、ATP 故障時に ATP を解除して運転する場合には、車両側で最高速度を例えば25km/h に規制することも仕様として要求する。

(4) 運転操作（力行およびブレーキ制御）

ATP は先行する列車との間隔、あるいは分岐器や曲線における速度を調整するためのブレーキ制御を行うものであり、加速のための力行制御および駅における停止位置の調整のためのブレーキ制御は ATO（Automatic Train Operation、自動運転）により行う。ATO は STO、DTO および UTO に対応する設備と言える。

(5) 線路の監視

線路内に外部から侵入できないように柵等で囲うこと[21]が基本であり、さらに CCTV カメラで駅構内や軌道の監視を駅または OCC（Operation Control Centre、列車管理センター）で行い、必要に応じて列車の停止手配を行う。日本の新幹線

---

[20] Safety Integrated Level 4 の意味であり、IEC 61508: Functional safety of electrical/electronic/programmable electronic safety-related systems の規定による危険側の故障確率10^{-9}以上10^{-8}未満を要求している。

[21] PSD も含まれる。

では、線路内への立ち入りは法律[*22]で規制されており、保守要員の線路内立ち入りもOCCの許可を得るようになっている。DTOおよびUTOの場合にも、新幹線で行っているのと同様の規制を設け、厳密に運用する必要がある。

(6) 扉の開閉制御

前述7.6.1の3)、4)および5)項に対応する設備が基本であり、UTOではOCCからの扉操作および開閉監視も行われる。また、PSD、信号（ATO）および車両の扉制御システムのインターフェースもハザード分析により検証する必要がある。

(7) 車両間または車両とプラットホーム間の旅客の傷害防止

車両間の貫通路設置は国土交通省令第75条の規定を適用する。車両とプラットホーム間の旅客の傷害防止については、PSDを設置するとともに、PSDと車両間に旅客あるいは障害物が挟まれたことを検知して、PSDおよび車両の扉の開閉制御を行い、旅客の安全を確保する。同時にCCTVにより、ホームの状態を乗務員、駅員もしくはOCC係員で監視し、必要に応じて列車の停止手配あるいはPSDの開扉を迅速に行う設備を設ける。

PSDは上記(6)および(8)の項目に関連しているが、列車および駅の混雑にどこまで対応できるかが課題となる。すなわち、混雑が著しければ、旅客の乗降時間すなわち駅での停車時間が延びるので、列車の運行間隔に影響する。表7-2中、PSD設置線区は、有楽町線（混雑率167％）、目黒線（164％）、丸ノ内線（157％）、南北線（146％）および三田線（139％）であり、混雑率180％の線区での導入事例はない。現在、山手線等でPSDの設置が進められているので、180％を超える事

[*22] 新幹線鉄道における列車運行の安全を妨げる行為の処罰に関する特例法（1964年6月22日法律第111号）最終改正：1999年12月22日法律第160号

例が出てくる可能性があるが、安全サイドで考えれば、混雑率150％程度を目標とせざるを得ないかもしれない。その場合、編成長や運転時隔に影響がでる。

(8) 安全な起動条件の保証

(6)および(7)により、旅客の安全を乗務員もしくはOCC係員が確認したのちに、乗務員が直接操作あるいはOCC係員が遠隔操作で列車を起動する。不用意に列車が起動しないよう、インターロックを設けなければならない。

(9) 列車の運転開始および終了

TOSからDTOまでは乗務員（アテンダントを含む）が列車の運転開始および終了の手続きを行うが、UTOはOCC係員が列車の運転開始および終了の手続きを遠隔操作で行う。このため、車内およびプラットホームの監視のためのCCTVを設置する。

(10) 列車状態の監視

車両の機器の状態を車両内の情報管理システムで常時監視する。TOSからSTOまでは、故障等の異状を運転台のモニターに表示して乗務員の注意を喚起し、必要な措置をとらせる。DTOおよびUTOでは、列車無線でOCCに異状を通知し、OCC係員の遠隔操作により応急措置を行う。車内の監視のためのCCTVの情報もOCCに伝送される。

(11) 非常事態の検知および管理

駅やトンネルの火災、強風、洪水などは沿線に設置したセンサーで検知し、異状時には駅およびOCCに情報を伝送し、必要な措置をとるようにする。列車火災は車両のセンサーあるいは駅等のセンサーで検知し、異状時の情報を駅やOCCに伝送する。火災の場合は、列車を何処に停止させるか、トンネルの換気装置をどのように作動させるかを予め決めておき、自動的にシステムを起動させる。強風および洪水の対応も予め決めておく必要がある。

7.6.3 有人運転と無人運転の比較

TOS および NTO は LRT を除く新規の都市鉄道としては安全上採用できないので、STO、DTO および UTO について比較考察する。主な項目について比較したものを表7-12に示す。ただし、個々の項目について、コスト試算、採用の難易、教育訓練期間などの具体的データを入れた上で、比較検討すべきである。当該プロジェクト

表7-12 STO、DTO および UTO の比較

番号	項目	STO	DTO	UTO
1	運転士	採用、教育訓練が必要	なし	なし
2	アテンダント	なし	採用、教育訓練が必要、ただし、運転士よりは短期間の養成	なし
3	列車運行の弾力性	運転士の勤務時間により制約を受ける	アテンダントの勤務時間により制約を受ける	需要に合わせたダイヤ設定可能
4	労務管理	勤怠管理必要	同左	なし
5	列車運行の安全管理	運転士による弾力的対応が期待できる	アテンダントの責任範囲は限定的	OCC 係員が責任を負う
6	異状時の対応	現地での即応可	現地での対応は限定的、OCC からの遠隔操作	OCC からの遠隔操作
7	初期投資	DTO、UTO よりは小	大	大
8	運行コスト	運転士の人件費	アテンダントの人件費	システム保守費

の発注者がどのように評価するかの材料を提供し、最善と考えられる運転システムを提案する必要がある。STO、DTO および UTO のいずれを採用するかによって、ハードおよびソフトの要求仕様を確定させる。ただし、DTO および UTO の事例は輸送密度の比較的低い鉄道であり、高密度の鉄道での事例はパリ地下鉄 1 号線のみであることに注意してほしい。

第8章 技術上の課題

8.1 軌道

8.1.1 線路配線

路線ルートおよび駅の設置場所が決まれば、どのような配線とするかが課題である。

都市鉄道であれば、異なる進行方向の列車を独立した線路で運行する複線が一般的である。非常時や保守時を考慮して、単線並列とすることもある。すなわち、それぞれの線路に異なる方向の列車を運行する。もちろん、衝突防止のために、一つの列車が進入すれば、反対方向の列車が進入できないようにすることが前提である。

もっとも単純な複線の線形としては、両ターミナル間を2つの線路で結び、ターミナル駅に折り返しのための分岐器（ポイント）を設ける。しかしこれでは、システムとしての自由度がないので、車両故障や事故があった場合には、全線に渡って列車の運行ができなくなる。鉄道が道路と根本的に異なるのは、全ての列車が同じ線路を使用しているので、故障車があってもそれを追い越すことはできない。後続車も全て影響を受ける。したがって、分岐器を設けた側線に故障車を避難させなければならない。また、線路に異状があって運転不能となったときには途中で折り返すための設備が必要となる。このような鉄道特有の課題を解決するため、数km毎に2つの線路を結ぶ分岐器を設け、途中駅での折り返し運転を行えるようにし、故障列車の収容のため、途中駅に側線あるいは折り返し線を設ける。どの駅に分岐器、側線、折り返し線を設けるかは輸送需要を勘案して決定する。また、需要の少ない駅を通過して到達時間を短縮する快速運転を行う場合には、各駅停車の列車を追い越すための設備も必要となる。折り返し線は輸送需要の段差に対応した列車本数の調整にも使用される。したがって、線路配線は全体の列車運行

図8-1　線路配線の例

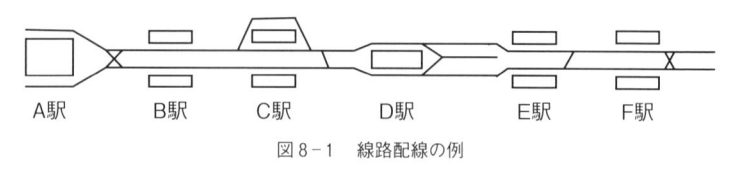

計画に基づき決定される。

　図8-1の例は、左側通行で、A駅とF駅がターミナル駅、D駅がA駅方面からの列車の折返し駅、C駅に故障列車の留置線、E駅の渡り線は非常時の折返し運転用である。

　ターミナル駅や中間駅での折り返し方法には2つある。一つ目は、図8-1のA駅のように、到着した列車が同じホームで折り返す方法である。二つ目は、F駅のように、到着した列車は乗客降車後引き上げ線に引き上げ、向きを変えて出発ホームに移動する方法である。後引き上げという。前者は折り返しのための時間が短く、使用列車本数を節約することができるが、同じホームで降車客と乗車客が混在し、乗車客が降車を妨げることによって、折り返し時間が延びることもある。インド・デリーメトロの例では、降車を待たずに乗車し、車両のドア付近で降車客と乗車客とがもみ合いとなり、列車の出発を遅らせる原因となっている。また、手前の駅から乗車して、下車せずに折り返す乗客も出てくる。いわゆるキセル乗車である。二つ目の後引き上げでは、折り返しのための時間がかかるが、降車客と乗車客を分離するので、乗客同時の摩擦や無賃乗車を防ぐことができる。後引き上げの変形として、ループ線による折り返しも路面電車や地下鉄の一部で行われている。ターミナル駅の設計には、乗客のマナーが日本と異なることを考慮しなければならない。

　中間駅もホームを列車方向別に分離する相対式と分離しない島式の2つがある。パリの地下鉄は地表から浅い駅が多いこともあって、相対式として、乗客は改札を出なければ途中駅での折り返しができないようにしている。相対式はエレベーター、エスカレーターおよび階段設備が島式の倍となる。地表から深い駅では垂直移動設備を

後引き上げの例:東京メトロ銀座線渋谷駅、到着した列車は旅客降車後一旦
引上げ線に移動し、出発線に入る。

節約する意味もあって島式が多い。

　本線と車両基地間のアクセス線は、通常車両基地が地上に設けられるため、本線が高架構造の場合は高架構造から地上を結ぶスロープを含む立体構造になり、アクセス線の本線から分岐する地点(分岐器の設置箇所)やロングレールを採用している場合には伸縮継目の位置などと高架構造物の目地などとの相対関係を十分に検討するとともに建設および維持管理のコストも勘案する必要がある。一方、本線が地上の場合は基本的には立体構造にはならないが、分岐器や伸縮継目の設置箇所等は勾配などの地形や高架構造と同様に建設および維持管理のコストも勘案する必要がある。

　支線の分岐あるいは他の線との接続駅は、それぞれの本線を平面交差とするか立体交差とするか検討することになるが、一般的に立体交差が望ましいが、建設コストが高くなる。

　駅の配線においては、営業列車用の側線や分岐器だけではなく、保守用車の留置や折り返しも考慮する必要がある。線路や電車線の検査および修繕には自走式車両やトロッコ等が使用され、保守のた

めの時間も限られているので、それらの保守用車の留置線、点検線あるいは折り返し線を設ける。さらに保守用資材の保管場所も必要となる。

8.1.2　線形計画

輸送計画から路線、駅および車両基地の規模と位置が見積もられ、鉄道建設および営業のための用地が決まる。用地の制約から駅および車両基地の位置も調整される。

用地に合わせて、直線、曲線、勾配の組合せや分岐器の配置を考慮して平面線形および縦断線形を計画する。線形計画の要素として、勾配の変化点には縦曲線、直線と曲線の間には緩和曲線を設けることが重要であり、分岐器の大きさ（番数）に応じて分岐側の曲率半径が決まっているので注意が必要である。緩和曲線および分岐器の配置は平面線形に加え縦断線形を十分に考慮しなければならない。また、走行安全・安定性および線路保守上の面から、勾配変化点に設けられる縦曲線は緩和曲線や分岐器と競合してはならないなどの制約がその国の基準で設けられている場合が多いので、注意すべきである。したがって、線形計画には専門的知識と経験が要求される。

8.1.2　軌道構造

軌道構造は歴史的に砕石の上に枕木をのせ、その上にレールを敷設するバラスト軌道が広く使われてきた。構造が簡単であり、建設費が安いという利点がある。その一方、バラスト砕石の管理、バラストあるいは路盤の上下方向や左右方向の変形のレール長手方向のバラツキによりレールの車両走行面が相対的に移動する軌道不整（軌道変位とも呼ぶ）、曲線走行時の乗り心地を改善する超過遠心力に対応する左右方向の軌道面の傾きであるカントの確認や修正など頻繁に保守を行う必要がある。

保守量を少なくするため、バラストを構造体として用いないコンクリートの版を用いたスラブ軌道が開発され、山陽新幹線岡山以西

第 8 章　技術上の課題　　*139*

バラスト軌道：バラスト（砕石）の上にまくらぎを載せ、まくらぎにレールを固定する。列車通過に伴い、バラストの沈下やレールの水平、垂直方向の塑性変形が生じるので、頻繁な計測とバラストのつき固めや上記塑性変形を基準範囲に維持するための保守が必要である。

防振あるいは弾性短まくらぎ直結軌道（LVT、Low Vibration Track）の例（マニラ LRT 2 号線）：基礎構造物の上に、コンクリート道床を設け、コンクリートまくらぎを防振材のボックスを介してコンクリート道床に固定し、レールをまくらぎに固定する。北京、上海などの地下鉄で採用している。

LVT を採用した例（北京地下鉄）

プリンス軌道：基礎構造物の上にレールの位置に対応した台座（プリンス）を設け、その上に締結金具と防振材でレールを固定する。タイ・バンコクBTCの例。デリーメトロ、ドバイメトロ等で採用している。

第8章 技術上の課題　141

以後の新幹線建設は全てこのスラブ軌道（途中から改良された枠型スラブと呼ばれるスラブの中が抜かれて枠のような形のスラブ）が用いられている。しかし、スラブ軌道はバラスト軌道に比較して建設コストが高く、保守コストとのトータルコストが有利な場合に採用されるため、一般的には輸送量の比較的大きな路線が対象になる。また、地下鉄を中心にコンクリート道床の上に木枕木を固定したコンクリート直結軌道も古くから使われてきた。

防振あるいは弾性まくらぎ直結軌道：基礎構造物の上にコンクリート道床を設け、コンクリート枕木を防振材のボックスを介してコンクリート道床に固定し、レールをまくらぎに固定する。JR東日本、東京メトロ、東急電鉄、小田急電鉄、西武鉄道、相模鉄道などで採用している。

都市鉄道においては軌道の保守間合いの確保が難しいこともあり、軌道の保守量を少なくすることの他、沿線への騒音振動の伝播を抑制することが重要課題となっている。当初のスラブ軌道の構造ではその要求に十分に答えることは難しく、底面等に弾性材を貼り付け防振性を高めたコンクリート枕木やスラブと路盤コンクリートの間に防振性を有する材料を挿入した防振スラブなどの新技術が開発され、現在も改良が加えられている。騒音振動を抑制する技術は我が国にも増して欧州のメーカーを中心に世界中で開発されているので、海外プロジェクトではどの技術を採用するかが重要な課題となる。

現在使用されている主な軌道構造は、大きくはバラスト軌道とバ

防振あるいは弾性まくらぎ直結軌道を採用した例（東急電鉄東横線）：まくらぎ間の細かい砕石は消音バラストである。

フローティング・ラダー軌道：基礎構造物の上にコンクリート道床を設置し、その上に防振材を介してラダー（はしご状）まくらぎを取り付け、ラダーまくらぎにレールを固定する。現在、最も防振・防音性が高い軌道構造の一つとされている。

ラストレス軌道に別れ、そのバラストレス軌道は、コンクリートまくらぎをコンクリート道床に定着するコンクリートまくらぎ直結軌道と左右レールを繋ぐまくらぎではなく一本のレールを支持する材質は木やコンクリート製のブロック（短まくらぎと呼ぶ）を用いる短まくらぎ直結軌道、まくらぎあるいは短まくらぎを用いずにレール締結装置を軌道スラブ等に直接設置するスラブ軌道（我が国のプレキャストのコンクリート版である軌道スラブとドイツのレーダ軌道に代表される現場打ちコンクリートの軌道スラブを用いるものがある）とプレキャストコンクリート製の梁を縦まくらぎとするラダー軌道、ドイツのレーダ軌道と同様な現場打ちコンクリート製のプリンス(Plinth)軌道等がある。なお、コンクリートまくらぎ直結軌道において、防振性を高めるためにまくらぎとコンクリート路盤の間に弾性材を挿入するものを防振まくらぎあるいは弾性まくらぎ直結軌道と呼ぶ。

　バラスト軌道は、バラストの上にまくらぎを載せ、まくらぎにレールを固定する。まくらぎは木まくらぎが用いられていたが、森林資源の枯渇、木まくらぎの寿命の短いことから、コンクリートまくらぎ（一般的には緊張したPC鋼線により圧縮力を導入したプレストレストコンクリート (Prestressed Concrete) 製のためPCまくらぎと呼ばれている）やFFU (Fibre reinforced Formed Urethane：繊維補強発泡ウレタン）製合成まくらぎにとって代わられている。我が国ではFFU製合成まくらぎが用いられているが、他国では材料の異なる合成まくらぎも用いられている。また、外観はバラスト軌道のように見えるが、バラストを構造体としてではなく騒音吸収の目的でまくらぎ間の隙間などに用いられる軌道でもあるが、そのような目的に用いるバラストを消音バラストと呼ぶ。

　これまでの代表的なコンクリート直結軌道は、コンクリート道床に埋め込んだ木製の短まくらぎにレールを固定するものである。最近では木製の短まくらぎがFFU製の短まくらぎに交換されてきている。

スラブ軌道は高架橋やトンネルのコンクリート道床の上に長さ数m（我が国のスラブは5mを基本としている）のプレキャスト（工場製作）のコンクリート版である軌道スラブを敷設し、その軌道スラブにレールを締結している。軌道スラブとコンクリート道床の間には流動性があって薄くても割れにくいCA（Concrete Asphalt）モルタルを注入してレールからの荷重を受ける軌道スラブのコンクリート道床への衝撃を分散している。

左右のレールを支える2組のコンクリート製の短まくらぎをコンクリート道床に防振材を介して埋め込み、レールからの振動を吸収する軌道を欧州ではLVT（Low Vibration Track）と呼ぶ。

基礎構造物の上にレールに沿った縦まくらぎのような現場打ちコンクリートの台座（Plinth：プリンス）を設け、台座の上に防振材を介してレールを取り付ける軌道をプリンス軌道と呼ぶ。

防振あるいは弾性まくらぎ直結軌道（AVT：Anti-Vibration Rubber Track と呼ばれることもある）は、防振材あるいは弾性材を介してコンクリートまくらぎをコンクリート道床に固定する。レールはまくらぎに取り付けられ、その振動はまくらぎとコンクリート道床間に用いる防振あるいは弾性材で吸収される。

ラダー軌道は、プレキャストコンクリート製の梁を縦まくらぎとして用い、その左右の梁をある間隔にパイプ材等で繋いでいるため「はしご（ラダー）」状に見えることからラダーまくらぎ、そしてそのまくらぎを用いる軌道をラダー軌道と呼ぶ。バラスト上にラダーまくらぎを設置するバラスト・ラダー軌道もあるが、通常は基礎構造物の上に台座等を設け防振材を介してラダーまくらぎが固定され、フローティング・ラダー軌道と呼ばれる。レールはラダーまくらぎに取り付けられる。なお、台座の代わりにより防振性を高めた防振装置が用いられることもある。

防振あるいは弾性まくらぎ直結軌道やラダー軌道はレールと大地間の絶縁抵抗が大きいので、漏えい電流（迷走電流）が小さいので、トンネル内のように湿潤な環境でなければ、特別の対策は必要ない

ことが多い。一方、その他の軌道構造は漏えい電流対策について、検証する必要がある。すなわち、ヨーロッパ規格では、漏えい電流の多いことを前提に、コンクリート道床の下に漏えい電流吸収マット (Stray Current Collection Mat) を設け、変電所や駅に漏えい電流監視装置を設けることを規定している。日本ではこのような規格がないので、鉄道システム設計時の仕様策定時に日本式か、ヨーロッパ式かを議論する必要がある。これは、軌道だけではなく、土木や電力のそれぞれの担当が関係するので、合意形成が難しい。すなわち、欧米人のコンサルタントはヨーロッパ式に固執するので、土木構造物はヨーロッパ式に漏えい電流吸収マットを設ける前提で設計し、軌道および電力はマットなしで設計するというような事態も起きる。

漏えい電流に対する規定は国土交通省令にはなく、経済産業省令の「電気設備に関する技術基準を定める省令(以下「電気設備技術基準」という)」にある。この省令は鉄道プロジェクト用には英訳されていないので、国土交通省令の規定のみから日本式の漏えい電流対策を発注者に説明し、理解を得ることが難しい。

レールを接地するか否かも日本式と欧州式との議論の種である。詳しくは後述する。

8.1.3 軌道構造と避難経路

車両故障時などに列車からの避難経路として、第7章に述べたように、前方避難と側方避難の2つある。箱形トンネルの地下鉄のように車両と構造物との間隔に余裕のない場合には、前方避難が採用され、車両の運転台にも避難用通路として使用する貫通路を設けている。しかし、前方避難の場合には、軌道内を旅客が通行するので、歩行に支障のないようにする必要がある。バラスト軌道、消音バラストを散布した防振あるいは弾性まくらぎ直結軌道あるいはスラブ軌道では、なんとか歩行できるが、その他の軌道構造では歩行用通路を設ける必要があり、軌道構造における配慮が望まれる。円形断

面のシールドトンネルは側壁中央にスペースを取ることができ、高架区間では桁上部を歩行用スペースとして使えるので、側方避難が採用される。デリーメトロの例では、桁上部に歩行用に80cm以上の幅を確保し、桁外側に手すりを設けている。土木構造物を考慮した上で、前方あるいは側方避難を採用するべきである。

8.1.4 高架橋構造物と軌道

　高架橋構造物として軽量で施工が容易であることからPC桁が広く採用されている。PC桁はコンクリートブロック内にピアノ線を挿入してピアノ線に引張力を加え、桁に加わる引張荷重をピアノ線で、圧縮荷重をコンクリートで受けるようにして、桁としての強度を確保している。箱形断面のボックス桁は桁の上下方向の寸法が大きく曲げ剛性が高い。これに対し、桁の上下方向の寸法を小さくしたU形桁（U Shape Girder）がフランスで開発され、ボックス桁よりも軽量であり、美観も優れているとの理由から、海外の都市鉄道プロジェクトでも採用されるようになってきた。しかし、桁の曲げ剛性はボックス桁よりも低いので、特にコンクリート道床等の採用により重量が大きくなる軌道構造の敷設に際しては注意が必要である。すなわち、分岐器や伸縮ジョイント設置個所は橋脚の近傍のように桁の曲げの影響の少ない位置とする必要がある。桁の曲げにより分岐器や伸縮ジョイントの作動に悪影響を及ぼすおそれがある。

8.1.5 レール

　レールの規格としては、ISO、EN、UIC（国際鉄道連合）規格、AREMA（米国鉄道技術保線協会）規格など協会、地域連合のほかに国際的な機関が管理する規格の他に各国規格があり、そのいずれを採用するかが課題である。国際規格としてはISOが最も適当であるが、これまで30年以上に渡って改訂されず、ほとんど使用されていなかったが、ここ数年の改定作業を経て2015年中に改訂版が発行される予定である。一方、これまでは古いISOに代わってUIC規

ボックス桁の組立、桁はいくつかのセグメントから構成され、セグメントは現場近くのプラントで製作し現場に搬入される。現場で橋脚上に設置した鋼桁とクレーンで組立て、全部のセグメントにピアノ線を通して、引張力を加えることにより桁とする。

格が最も広く用いられていた。特に都市鉄道ではかつては UIC 規格が一般的であったが、最近はその UIC 規格を念頭に新たに開発された EN が用いられることが多い。また、重量貨物鉄道（Heavy Haul Railways と呼ばれる）では AREMA 規格が採用されることが多い。一方、JIS は ODA 事業に用いられることはあるが、それ以外の海外プロジェクトではほとんど用いられない。我が国のレールメーカーは JIS でも EN あるいは UIC 規格のレールでも供給可能であるが、相手国の将来のメンテナンスを考慮した場合、現在は EN レールが選定される傾向が強い。ただし、30数年ぶりに改定された ISO も今後使用されていくものと考えられている。

　レールの規格を考える場合、分岐器類の規格との組合せを検討することは重要である。一方、必ずしも規格に含まれない場合もあるが、レールと車輪の断面形状の組合せを検討することも重要な課題である。特に、車輪フランジと分岐器のクロッシング部のフランジ

ウェイの寸法を確認することは安全走行において極めて重要である。また、メーカーにおいて新たな規格に基づいてレールを製造する場合は、製造コストも極めて高くなることは当然であるが、将来の保守部品調達に支障をきたすことも考えられる。したがって、基本的には可能な限り国際的に行き渡っている規格を採用することが重要である。

8.1.6 まくらぎ

PC（Precast Concrete）まくらぎが一般的に使用される。ただし、鋼桁上あるいは分岐器部分には木まくらぎや合成まくらぎ、商品名 FFU（Fibre reinforced Formed Urethane）まくらぎが使用される。木まくらぎは鋼桁とレールの間のクッション作用を有しているので、広く使われてきたが、森林資源の枯渇もあり、木まくらぎに代わるものとして日本国内では合成まくらぎが使われるようになった。しかし、合成まくらぎは木まくらぎや PC まくらぎに比べ高価であるので、鋼桁の代わりに PC 桁の上にバラスト軌道を敷設して木まくらぎを使わないような構造が採用されるようになった。分岐器やクロッシングはレール締結装置の取り付け位置を自由に選べる木まくらぎに代えて同等の機能を持つ合成まくらぎが採用されるようになった。しかし、インド鉄道のように分岐器にも PC まくらぎを使っている例もある。この場合には、予め分岐器のまくらぎ毎にレール締結装置の取付部を埋め込んでいる。

コンクリート道床に直接合成まくらぎを埋め込んだ軌道も採用されている。

いずれにしても、合成まくらぎは日本製品であり、木まくらぎに比べ長寿命で森林資源保存にも役立つが、その普及にはコストの問題が大きい。さらに、我が国では鉄まくらぎが貨物ヤード等で使われている。海外鉄道でも多くはないが鉄まくらぎは使われている。

8.2 車両

8.2.1 車両の設計基準

車両の設計基準としては、国土交通省令の他に JIS E4106通勤電車設計通則があるが、これらだけで車両を設計することはできない。関連する JIS、IEC の他に日本鉄道車輌工業会制定の規格 JRIS を参照して、それぞれの設計の根拠を示すこととなる。

先に述べた STRASYA にも車両の仕様についての記述があるが、JR 東日本の E231系をベースとしたものであり、そのままでは国際入札の仕様書としては使えない。

8.2.2 編成の構成

列車編成と性能の決定プロセスについては7.3を参照されたい。車両質量、性能および冗長性の要求を満たすために、車両の機器配置が重要である。6両編成以上であれば、電動車の数も3ないし4両以上となり、機器配置の制約は少なくなる。しかしながら、2ないし4両編成では、1両の電動車に多くの機器を搭載しなければならないので、ジグソーパズルを解くように機器配置を決めることとなる。

機器配置で考慮すべき点は、重量配分、EMC 対策、保守のし易さである。

8.2.3 車体

(1) 車体構造

車体は鋼製の時代もあったが、現在の通勤電車はステンレスかアルミニウムで製造される。かつては、アルミニウムがステンレスよりも軽く、ステンレスはアルミニウムよりも材料コストが安いので、いずれを採用するか大いに議論された。近年はメーカー間の技術開発および価格競争の結果、両者の差はほとんどない。欧州は電力料金が安く、アルミニウムの価格が安いのでアルミニウム車両の割合

ステンレス車体の例：東急電鉄5000系、車体はステンレス部材をスポット溶接で組立て、先頭部はステンレスの骨組みと FRP で構成している。

アルミニウム車体の例：東武鉄道50000系、車体はアルミニウム押出し形材を溶接し、窓や扉の開口部は機械加工でつくっている。先頭部もアルミニウムである。

が高い。日本はアルミニウムもステンレスもほぼ同じ割合である。ステンレスかアルミニウムのいずれか一つを採用している鉄道事業者もあるが、ステンレスとアルミニウムを価格競争の結果でその都度選択している鉄道事業者もいる。したがって、入札仕様書では、両者を採用可能とする要求事項としていることが多い。

車体で注意しなければならないのは、車端圧縮・引張荷重である。国土交通省令は引張343kN、圧縮490kNとしているが、インドネシアは圧縮引張とも980kN、ヨーロッパ規格は圧縮引張とも1960kNを要求している。独立した線区内で使用される車両であれば独自の基準を採用できるが、他の線区への直通運転があれば、他の線区の技術基準を尊重しなければならない。

車体および附属品の火災対策が重要である。日本はかつての苦い経験を活かして火災対策が国土交通省令に規定されており、構造、材料および材料認証を全て網羅している。ヨーロッパ規格も火災対策や感電防止のためのものがある。材料認証の問題も含め、いずれを採用するか、相手側と協議し、合意を得なければならない。

(2) 扉装置

扉の開閉制御は、安全上重要であり、取扱方法を含めて、発注者および運営保守事業者に確認する必要がある。

重要なポイントとして、次のものが挙げられる。

1) 扉の開閉状態を運転台で確認できること
2) 扉が開状態であるときには列車の起動ができないこと
3) 扉の閉動作中に旅客または異物が挟まったことを検知して、扉を開くこと
4) 扉に旅客の手足あるいは異物が挟まれたときに、人力で抜き出すことができること
5) 扉の閉動作中に開指令があれば、開指令を優先すること
6) 走行中(一定以上の速度)に扉を開く指令を乗務員がだしても、開かないこと
7) 扉が閉となったら鎖錠すること、すなわち客室内外部から

表8-1 空気式と電気式の比較

項目	空気式	電気式
戸閉機構	空気シリンダーおよびリンク機構により扉の開閉を行う。両開扉の連動はリンクまたはベルトで行う。	回転式電動機と歯車機構、スクリューナットあるいはリニアモーターにより扉の開閉を行う。
戸閉機構のぎ装	空気シリンダーの取付、空気配管、電気配線が必要となる。	戸閉機構の取付、電気配線が必要となる。
戸閉力の調整	空気シリンダーへの供給空気圧を変化させる。機構上2段階の制御が多い。	電動機電流により制御する。
戸挟み検知	リミットスイッチにより検知し、再開閉動作を行う。	電動機電流をモニターし、戸閉力の制御および再開閉動作を行う。
戸閉後の鎖錠	空気シリンダーの圧力を保持する。	機械的鎖錠機構を設ける。
非常時の手動による開扉	車内および車外に設置した非常コックで空気シリンダーの空気圧を抜いて対応する。	ワイヤー等による機械的鎖錠機構の解除装置を設けて対応する。
保守	定期的な空気シリンダー、機構および空気配管の点検、調整、給油および部品交換が必要であり、保守量は電気式よりも多い。	定期的な電動機および機構の点検、調整、給油および部品交換が必要だが、空気式よりは保守量が少ない。
更新	設計寿命30年程度では機器更新は必要ない。	設計寿命の半分程度で制御基板等の交換が必要となる。

  みだりに開くことができないようにすること
 8）車両火災などの非常時に車両外部または客室内からの操作で鎖錠を解除し、扉を開けることができること
 9）扉の開閉動作はプラットホームスクリーンドアの制御と連動させること
 10）プラットホームと逆側の扉は意図せざる開閉ができないこと

 扉開閉装置としては空気シリンダー（空気式）や電動機（電気式）が使われている。空気式と電気式には一長一短があり、将来の保守

も考慮して選択すべきである。

(3) 窓

先に建築限界の項でも述べたように、窓から乗客の身体の一部を出させないようにする必要がある。もちろん建築限界に余裕があれば、この限りではない。

窓を固定とすると、停電時の換気が問題となる。したがって、窓の一部を開閉可能とすることが望ましい。国土交通省令では、窓の開口部の面積は床面積の20分の1以上[*1]としている。発注者によっては10分の1以上とする要求もある。

窓構造としては各種あるが、窓の上部のみを開閉可能として、身体の一部を出せないようにする。非常時に窓から脱出可能とする要求もあるが、その場合には特定の窓の近傍にガラスを割るハンマーを設置するなどの方策を採用する。

熱帯地方では、窓からの眺望よりも、窓からの熱線透過防止に意を用いる必要がある。ガラス面積を小さくし、熱線防止ガラスあるいは熱線防止フィルムを貼付している。カーテンあるいは鎧戸を設けることもある。

(4) バンダリズムと盗難防止対策

日本の通勤電車の荷棚、つかみ棒、吊手、機器点検ふたなどはプラスねじで固定されており、一般に売られている工具での取り外しが可能である。天井の蛍光灯も蛍光灯むき出し(東京圏の通勤電車、関西や中京圏の電車は蛍光灯カバーを取り付けている)となっており、容易に取り外し可能である。保守作業の面からは問題ないが、乗客が悪意を持って機器や備品を取り外すことができる。海外の車両ではプラスねじの代わりに特殊工具でなければ外せない取り付けボル

[*1] 労働安全衛生法労働安全衛生規則に対応している。第六百一条　事業者は、労働者を常時就業させる屋内作業場においては、窓その他の開口部の直接外気に向って開放することができる部分の面積が、常時床面積の二十分の一以上になるようにしなければならない。ただし、換気が十分行われる性能を有する設備を設けたときは、この限りでない。

客室の例:シンガポール地下鉄電車、座席は FRP、照明はカバー付、荷棚やカーテンはない。つかみ棒、吊手、機器点検ふた等は特殊工具でなければ取り外し、開閉はできない。

トを採用している。照明器具もカバー付きとして、蛍光灯の破損を防ぐとともに、一般乗客が蛍光灯を外すことができないようにしている。座席についてクッション入りのモケットの代わりにステンレスあるいは FRP の椅子が採用されている。日本ではあまり考慮の払われないバンダリズム（破壊活動）や盗難に備えるために、これらの構造を採用している。メッキ部品や銅製品は真っ先に盗難の対象となることもあり、わざわざペンキ塗りとしている例もある。盗難は営業運転中だけではなく、車両基地に留置しているときでも起きる。

8.2.4　台車

　最高運転速度、急曲線の配置により台車構造が選定される。

　ボルスターレス台車は軽量化に寄与するが、急曲線の多い線区には向かない。左右の輪重バランスの管理が難しく、急曲線への追従性に問題がある。歴史的にはボルスターレス台車が最初に使われ、

問題があったので、ボルスターや揺れ枕を取り入れて台車の構造が発展してきた。近年空気ばねをはじめとする材料の進歩があったので、揺れ枕やボルスターの機能を空気バネあるいは金属コイルばねのたわみ機能で代替させるボルスターレス台車が再度脚光を浴びるようになった。ボルスターレス台車は万能ではなく、その特性を見極めて使用する必要がある。鉄道事業者によってはボルスター台車にこだわっているところもある。

台車のばねは、軸ばねの一次サスペンション、枕ばねの二次サスペンションに分けられる。二次サスペンションには金属板ばね、金属コイルばねおよび空気ばねが用いられ、近年は乗り心地および高さ調整[*2]の観点から空気ばねが多く採用されている。一次サスペンションには、金属板ばね、金属コイルばねおよび防振ゴムが用いられている。防振ゴムについては、経年に伴う劣化（ばね定数が大きくなる）があるので、取替時期を予め想定し、保守計画に織り込む必要がある。また、一次と二次サスペンションのばね定数の配分をどのようにするかが課題となるが、曲線区間の多い鉄道では、軌道のねじれに対する対策も検討する必要がある。すなわち、中目黒の脱線事故では、軌道のねじれ、輪重のアンバランス、軸ばねのたわみ量不足などの要因が競合して、乗り上がり脱線に至った[*3]と推定されている。したがって、軌道の設計条件も勘案して、台車の設計を行う必要がある。

急曲線通過を容易にする操舵台車もあるが、保守を考慮するとその採用には慎重にならざるを得ない。

車輪の踏面形状は、使用するレールの形状に適合するものを選定する必要がある。すなわち、JISレールであれば、JISに準拠した

[*2] 乗客の多寡によりばねがたわみ、車両の床面高さが変化するので、それを補償するため、常に一定の高さになるように、空気ばねの内圧を制御している。乗客の荷重情報は、高さ調整のみならず、加減速力および空気調和の制御にも使われる。

[*3] 帝都高速度交通営団日比谷線中目黒駅構内脱線衝突事故に関する調査報告書、事故調査検討会、2000年10月26日、P.87/88

もの、UICレールであれば、UIC規格あるいはENに準拠したものから選定する。直線および曲線での走行安定性、分岐器やクロッシングの通過時の安全検証の面から、車輪、レールおよび分岐器は同じ規格を採用することが重要である。UICレールにJIS踏面の車輪あるいはその逆であれば、脱線のリスクが増える。

設計寿命30年を前提に将来の保守を考慮した設計とする必要がある。寿命中に交換する部品についても入手可能性を考慮すべきである。保守用部品が入手できなくて、使用できなくなれば、折角納入した車両が長く使えなかったという結果が残る。

8.2.5　プロパルジョン（推進）システム

半導体を使用したVVVF（Variable Voltage Variable Frequency）インバーターによる誘導電動機駆動が一般的となった。かつての主流であった直流電動機駆動はほとんどなくなり、直流電動機の製造工場もなくなった。近年は、永久磁石を使用した同期電動機駆動も実用化されている。同期電動機駆動の技術はエレベーターの昇降機や製鉄所の圧延機の駆動用として生まれ、鉄道車両用にも応用されている。

誘導電動機と同期電動機駆動の大きな違いは、誘導電動機は一つのインバーターで複数の電動機を駆動することができ、同期電動機は一つのインバーターで一つの電動機しか駆動できないことである。すなわち、同期電動機はインバーターから供給される電流の周波数に対応した回転数で駆動される。鉄道車両のように複数の動軸があって、それぞれの車輪径が微妙に異なっている場合には、各動軸の回転数を同じにすることはできない。したがって、動軸毎に回転数を個別に制御する必要があり、同期電動機の場合には、一つの電動機を一つのインバーターで駆動することになる。一方、誘導電動機はインバーターから供給される電流の周波数よりも若干小さい周波数[*4]に対応した回転数で回転する。したがって、動軸毎の車輪径の差は吸収されるので、一つのインバーターで複数の電動機を駆

動することができる。もちろん、機関車のように各動軸の駆動力を精密に制御しようとすれば、一つのインバーターで一つの電動機を駆動する必要がある。いずれにしても、電車のように編成全体の電動機数を多くしたい場合には、誘導電動機の方がインバーターの数が少なくなる。

永久磁石電動機は、電動機内の発熱が少なくでき、外部から冷却用の空気を取り入れる必要がないので、低騒音の密閉形とすることができるといわれている。しかし、電動機の組立および分解の際には、回転子の永久磁石が界磁に密着しないようにする必要があり、強力な磁石であるので、取扱には注意しなければならない。また、誘導電動機であれば、インバーターや電動機が故障した場合には、外部の力で電動機が回転させられても電動機の起電力がゼロであるので、インバーターの元をカットすれば問題はない。しかし、永久磁石電動機は、電動機が回転している限り起電力を発生するので、電動機の元に回路を遮断するスイッチを設けて、起電力の影響がインバーターに及ばないようにする必要がある。全て美味しい話は無く、それぞれの技術的特性に合わせた回路構成としなければならない。

VVVFインバーターに使用する半導体素子も、現在主流となっているIGBT (Insulated Gate Bipolar Transistor) に代わるSiC (Silicon Carbonate) 素子が実用化されているので、インバーターそのものの大きさも小さくなり価格も安くなるであろう。

VVVFインバーター制御は、駆動システムに革新をもたらしたが、システム寿命はかつての直流電動機駆動よりも短くなっている。直流電動機駆動の根幹をなしていたカム軸制御器、抵抗器、整流子電動機は修理を繰り返せば車両の設計寿命である30年を超えて使用することが可能であったが、VVVFインバーターは、半導体パワー素

---

*4 この差を「すべり」といい、すべりが大きければ大きなトルク、小さければ小さなトルクが発生するので、すべりを制御することによって、トルクすなわち駆動力を制御している。

子の技術進歩が速く、十数年でパワー素子の供給ができなくなる。もちろん、代替品に替えることもできるが、車両の設計寿命の半分程度で、インバーターの更新あるいは取替を行う必要がある。これはパワー素子だけではなく、制御回路の基板もコンデンサーの寿命、回路素子の変更、ソフトウェアの更新などにより、定期的な更新が必要となる。このことは、計画段階で保守計画に織り込んでおくべきものである。いくら性能がよくても未来永劫使えるものではない。

8.2.6 ブレーキシステム

　ブレーキには空気ブレーキと電気ブレーキの2つがある。かつては空気ブレーキのみであったが、ブレーキ性能向上および省エネルギーのために電気ブレーキが積極的に使用されるようになった。その意味では、前項のプロパルジョンシステムとブレーキシステムは表裏一体の関係にあり、ブレーキ力は空気と電気を組み合わせて制御される。もちろん、非常ブレーキは電気ブレーキ故障のリスクを考慮し、空気ブレーキのみとしている。

　非常時に最高速度から安全に停止できるように空気ブレーキおよび機械部分を設計する。すなわち、ブレーキ距離が要求仕様を満たしているか否かの他に、車輪踏面あるいはブレーキディスクの温度上昇が限度内であることを検証する。

　プロパルジョンシステムの設計条件にもよるが、一般的には、高速域の電気ブレーキ力は小さく、機械ブレーキの分担割合が高くなる。すなわち、高速域では発電機として使用する電動機の回転数が高く、電圧が高くなるので、インバーターから電源側に帰す電力を大きくすることができない。車両性能として高速性能を要求すればするほど、機械ブレーキの性能を高める必要が大きくなる。

　空気ブレーキのパワー源となる空気圧縮機として、レシプロ式（ピストンシンリンダー式）、スクロール式およびスクリュー式の3つがある。レシプロ式が主流であったが、騒音振動が大きく、保守にも手がかかるのでスクロール式やスクリュー式が使われるように

なってきた。しかし、スクロール式やスクリュー式は圧縮機内の潤滑油の循環を必要とし、稼働率が低いと故障の原因となるので、稼働率を一定以上とする必要がある。また、熱帯での使用実績も乏しいので、採用に当たっては、事前のチェックが必要となる。

空気ブレーキに関し、空気だめおよび圧力計は現地の労働安全衛生法および計量法で性能や仕様を規定している場合もあり、設計、製造および保守に関係するので、チェックが必要である。日本では労働安全衛生法に圧力容器の規定があり、計量法に圧力計および速度計の規定がある。

空気ブレーキシステムは、ウェスティングハウスおよびクノールの2つのグループがあり、それぞれの販売ネットワークを有している。したがって、相手国内でいずれのグループのものが使われているか、保守用部品の供給体制も含めた事前調査も必要となる。

8.2.7 空調および換気装置

換気量はJIS E7103の規定[*5]から一人当たり13m³/時となる。これは建築基準法の毎時20m³/人[*6]よりも小さい値としている。換気量を定員対象とするか、最大乗車人員を対象とするかによって大きく異なる。海外プロジェクトでは最大乗車人員を対象とすること

[*5] JIS E 7103 5.2.1換気量の計算式による。
[*6] 建築基準法施行令第20条の2ロ 機械換気設備（中央管理方式の空気調和設備（空気を浄化し、その温度、湿度及び流量を調節して供給（排出を含む。）をすることができる設備をいう。）を除く。以下同じ。）にあっては、第129条の2の6第2項の規定によるほか、次に定める構造とすること。
(1) 有効換気量は、次の式によって計算した数値以上とすること。
   $V = 20Af/N$
   この式において、V、Af及びNは、それぞれ次の数値を表すものとする。
   V　有効換気量（単位 m³/時）
   Af　居室の床面積（特殊建築物の居室以外の居室が換気上有効窓その他の開口部を有する場合においては、当該開口部の換気上有効な面積に20を乗じて得た面積を当該居室の床面積から減じた面積）（単位 m²）
   N　実況に応じた1人当たりの占有面積（特殊建築物の居室にあっては、3を超えるときは3と、その他の居室にあっては、10を超えるときは10とする。）（単位 m²）

から、冷房装置の容量は日本の通勤電車の概ね2倍程度となる。これは、補助電源装置の容量に影響し、後述の銅フィンの問題と合わせて、車両重量増加にもつながるので、重量計画策定時に注意が必要となる。

冷房装置の冷却フィンについても、日本国内で広く使われているアルミニウムとするか銅フィンとするかについては、発注者との協議が必要となる。排ガス規制が徹底していない国では大気汚染による冷却フィンの腐食が問題となり、銅フィンを要求されることがある。また、冷房装置の稼働率も考慮して保守方法を含めた提案が求められる。日本では問題ないからという説明は通用しない。

8.2.8 補助電源システム

補助電源装置は、制御回路、空気圧縮機、冷房装置、照明などの電源であり、電車線電圧直流1500Vから三相交流440Vあるいは380Vに変換するものである。一部は制御回路や非常用電源として直流72Vあるいは110Vに変換する。非常電源は、蓄電池の浮動充電回路にも接続され、電車線停電時のバックアップ電源となる。交流にあっては25kVから単相440あるいは380V等の低電圧に変換される。

熱帯地方では冷房装置が止まると旅客サービス上大きな問題となるので、補助電源装置は二重系として、停電の機会を少なくする必要がある。

8.2.9 情報管理システム

列車内の情報管理システムとしてコンピューターネットワークが使われている。個々の機器は内蔵されたコンピューターを使用したそれぞれのモニター機能や自己診断機能を有しており、列車全体としての情報管理システムにそれぞれのデータを接続することによって、列車全体の情報管理を行う。機器のモニターのみならず、車内環境、乗客重量などの情報も集約して、列車全体の快適性や力行・

ブレーキ制御にもつなげている。情報管理システムは、無線システムと繋がり、列車の機器の状態をオンラインで車両基地に送ることも行われている。

情報管理システムは各メーカーが独自に開発しており、統一した規格は無い。シーメンス社のシステムをベースとしたIEC規格が制定されたが、それに対抗するアルストーム社の規格も並行してIEC規格となった。一方、日本も各メーカー独自に開発し、統一規格として制定されるに至らなかったので、それぞれが別個のJRISとして制定されている。

8.3 き電方式

8.3.1 第三軌条と電車線

第三軌条と電車線のいずれを採用するかは土木構造物の建設費に係わる問題であり、日本勢は実績のある電車線（直流1500V）を推奨するが、ヨーロッパ勢は第三軌条（直流750V）を推奨することが多い。日本は、第三軌条は東京メトロ銀座線、丸ノ内線、大阪市交通局（600Vおよび750V）等での実績はあるものの、郊外への直通運転のため、地下鉄であっても直流1500Vでの新線建設を進めた結果、第三軌条の技術は足踏みしてしまった。一方、ヨーロッパは第三軌条の技術改良を推進し、鉄レールに代えてアルミニウムレールを集電レールとし、電圧降下を少なくした。合わせて、集電シューとの接触面にステンレス鋼を張り合わせることで耐摩耗性を向上している。また、第三軌条であっても電圧を1500Vとした例もあるが、高圧の場合、安全対策がさらに重要となる。この様な背景から、ヨーロッパ勢の第三軌条推奨の意見が出されている。日本勢は第三軌条が時代遅れであり、変電所間隔を大きくできないとの観点から、直流1500Vを推奨している。両者の意見の例を表8-2に示す。この中で、都市景観に対する評価は、街中の電柱が当たり前の日本と、そうでないヨーロッパとの価値観の違いが出ている。

この中では議論していないが、高架橋構造物との相性も考慮し

表8-2 第三軌条(750V)と電車線(1500V)の比較

項目	区分	第三軌条(750V)	電車線(1500V)	評価 第三軌条	評価 電車線
構造および電力供給の信頼性	第三軌条擁護派意見	構造単純、高信頼度、破損リスクなし。	構造複雑、上部構造あり、破損に対し弱い。	4	3
	電車線擁護派意見	駅間においては事実であるが、分岐器の多いターミナル駅おおび留置線では、設計および敷設が問題あり。地上に高圧線を敷設する第三軌条では如何に作業安全、安全構造樹立するかが重要である。	電車線はそれほど複雑な構造ではない。ターミナル駅や留置線ではむしろ第三軌条よりも簡素である。安全に関し、電車線は第三軌条よりも有利である。	3	4
運転速度*7	第三軌条	言及なし	言及なし		
	電車線	最高80 km/h	100 km/h 以上	2	4
建設および維持	第三軌条	組立、敷設および維持は単純である。	組立、敷設および維持は複雑である。	4	3
	電車線	それほど単純ではない。安全のための保護設備および保護システムが不可欠である。水準調整は軌道保守と同時に行う必要がある。踏切では公衆の安全確保が難しくなる。	複雑ではない。水準調整あるいは他の保守作業を軌道保守と独立に行うことができる。踏切における問題は少ない。	2	4
占有面積	第三軌条	第三軌条は軌道近傍に敷設するので、高架区間においても占有面積が少ない。	高架区間において占有面積が必要であり、トンネル寸法も大きくなり、建設費が上昇する。	4	2
	電車線	確かにその通り。故に多くの地下鉄道で第三軌条が採用されている。	剛体架線システムは空間寸法節約のために開発された。長い高架あるいは地上区間を有する鉄道では速度向上のため、電車線を採用し	4	4

			ている。		
初期投資	第三軌条	トンネル径の最適化により投資額は低い。車両（断面）は変更なし。	トンネル径が増加し、投資額は高い。車両（断面）は変更なし。	4	3
	電車線	上記コメントは長いトンネル区間または全トンネル区間を有する鉄道のみに当てはまる。既存線が電車線であれば、相互直通のために車両にパンタグラフと集電シューを設ける必要がある。	占有面積の項にのべたのと同じ内容の繰り返しである。	-	-
耐久性	第三軌条	60年	15年	4	1
	電車線	保守状態により最大60年と見込まれる。日本の経験に照らし、走行レールとの間隔調整、絶縁物および軌道の清掃、電気ショック防止システムの保守が必要である。	正確ではない。日本においては30ないし50年である。パンタグラフ材質および運行条件時よりトロリー線の修繕のような保守が必要となる。	4	4
都市景観	第三軌条	高架あるいは地上区間であっても都市景観に影響を与えない。	特に高架区間において都市景観に与える影響大である。	4	1
	電車線	いくつかのケースでは都市景観の評価が必要であるが、全てのプロジェクトに適用する訳ではない。したがって、この評価項目は一般事項から除外すべきである。	同左	-	-
電力供給距離および電力損失	第三軌条	列車密度が高いときに変電所間隔は短い。	変電所間隔は長くでき、電力損失は小さい。	2	4
	電車線	高密度運転区間におけるき電変電所の平均間隔は約2kmであり、変電所用地取得に問題があるか	第三軌条よりも変電所間隔は長い。直流1500Vで4km、交流25kVで30ないし50km。	2	4

項目	方式	コメント1	コメント2		
		もしれない。	デリーメトロは地下区間でも交流25kVを採用している。変電所の保守コストは小さくできる。		
漏えい電流	第三軌条	漏えい電流は少ない。	漏えい電流は大きい。	4	3
	電車線	帰線電流システムの設計による。電圧が低ければ、結果として大電流となる。	同左	3	4
回生電力の使用	第三軌条	効果が低い。	効果が高い。	2	4
	電車線	その通り。電圧が高いほど列車の回生ブレーキ電力を有効に使用できる。	同左	2	4
環境への電磁妨害	第三軌条	電磁妨害は環境に対して有害ではない。	電磁妨害は環境に対して有害ではない。	3	3
	電車線	正確ではない。電磁妨害の影響は配電システムのみではなく、車両を含めた全体の電気システムで評価すべきである。故にEMC国際規格を導入すべきである。	同左	3	3
運行における電気安全性	第三軌条	保守要員および旅客に対する安全確保は軌道での保守作業中は電源遮断で行う。	電車線は保守要員および旅客に影響しないので、安全確保は容易である。	3	4
	電車線	第三軌条は軌道に入った保守要員および旅客に対し本質的に安全上の問題を有している。したがって、電源遮断システムは必要不可欠である。しかし、一部の鉄道は軌道に入る要員を制限することで解決している。	上記コメントはその通りである。	2	4
洪水および暴風の影響	第三軌条	地上区間では洪水の影響あるが、暴風の影響なし。	洪水の影響は受けないが、暴風の影響を受け	4	3

			る。特に市街地で線路際の樹木による影響を受ける。		
	電車線	正確ではない。日本では第三軌条であっても飛散物による障害事例がある。強風は列車転覆の危険があり、第三軌条以前の問題である。	同左	–	–
評価点合計	第三軌条			42	37
	電車線			27	39

第三軌条の例：東京メトロ丸の内線、直流600V、集電レールは鉄レール

ければならない。日本で多く採用されているボックス桁は桁の剛性を高く取ることができるので、第三軌条でも電車線でも問題はない。一方、フランスなどに多く見受けられるU形桁は8.1.4でも述べた

＊7　第三軌条でもユーロスターは160km/h運転を行い、電車線でも剛体架線は最高速度80km/hに制限しているので、この比較は必ずしも正確とは言えない。

ように、見た目がスマートで都市景観上も優れているが、桁の縦方向の寸法を小さくしているため、桁の剛性を高く取ることができない。第三軌条では問題ないが、電車線の電柱を建植するためには、桁のたわみと柱の強度の検証が必要となる。

8.3.2 電車線

電車線はトロリー線を直接吊った直吊架線から発展してトロリー線を吊架線（メッセンジャー）で吊るシンプルカテナリー（架線）やさらに複雑なコンパウンドカテナリー（架線）へと発展してきた。速度向上に伴い、トロリー線とパンタグラフの接触を滑らかにするための改良が行われた結果である。都市鉄道で一般的に用いられているのはシンプルカテナリー（架線）であり、その変形ともいえるフィーダーメッセンジャーカテナリーである。剛体架線は箱型トンネル断面を小さくするために開発された。円形断面のトンネルでは、車両上部に対しトンネル上部の空間を大きく取ることができるので、

シンプルカテナリー（架線）の例：西武鉄道池袋線、直流1500V、吊架線で集電用トロリー線を吊り下げ、架線に並行して敷設したフィーダー線から電力を供給している。

FMSの例:JR東日本山手線、直流1500V、電力を供給するフィーダー線兼用の2本の吊架線で集電用トロリー線を吊り下げている。

シンプルカテナリー（架線）でも問題ない。

　電車線の設計、すなわちトロリー線、吊架線およびフィーダー線の材質と径は、流す電流により決まる。プロジェクトの事前調査段階で、電流フローシミュレーションを行い、最大の列車本数に対し、変電所の一部がダウンした条件で、電圧降下の評価を行い、最適な電線径を選定する。電線径は電柱間隔および太さにも影響を及ぼす。フィーダーを架線とは別に敷設する場合には、アルミニウムも候補とする。銅線は盗難のリスクが大きく、大気汚染による腐食が少ないならば、リスクのより低いアルミニウムとするのが得策と言える。

　シンプルカテナリー（SCS）は銅のトロリー線、銅の吊架線および銅またはアルミニウムのフィーダー線から構成される。列車密度が高い場合には、集電電流が大きくなるので、SCSを2組並列としたツインシンプルカテナリーあるいはトロリー線を2条としたものが使われる。

　フィーダーメッセンジャーカテナリー（FMS）は、シンプル架線の吊架線とフィーダー線を一体化し、フィーダー線でトロリー線を

剛体架線の例:東京メトロ副都心線、トンネル上部空間を節約するため剛体架線が採用された。剛体架線は温度変化の影響を軽減するため、一つのセクションを数百mとして、セクション端部をラップさせている。もちろん、全てのセクションを電気的に接続している。

吊っている。電車線の部品点数削減と保守経費削減を狙いとしてJR東日本などで広く採用されている。この方式は元々ローカル私鉄のように列車密度が低く、建設費を抑えたい鉄道で採用されていた。新しいFMSはSCS2組のツインシンプルカテナリーに代わるもので、フィーダー線を2条として、トロリー線も大きな断面とした重設備であり、SCSより進化している。しかし、日常の保守点検は楽になるが、電車線を張り替えるときには全部を替えることになるので、大規模な保守の費用はむしろ高くなる。また、新設のときにはSCSよりも技術的難易度が高くなる。東急電鉄のようにフィーダー線1条のFMSとフィーダー線を組み合わせたものもある。SCSかFMSとするかは、変電所間隔も含めて総合的に判断して決めることになる。

剛体架線は、上下方向の寸法を縮小したので、箱形断面トンネルでは、トンネル断面を小さくでき、建設費低減に寄与する。しかし、

剛体架線：T型アルミニウム導体の下に銅のトロリー線を取り付けている。

円形断面トンネルでは車両上部の空間があるので無理に剛体架線とする必要はない。剛体架線は、架線自体のばね作用がないので、パンタグラフの追従性に問題があり、運転速度を80km/hに制限する必要がある。また、架線のアライメントやパンタグラフの特性によっては、波状摩耗が発生することがあるので、敷設や保守に細心の注意が必要となる。

電車線を装荷する電柱のコンクリート構造物への取り付けも問題である。これは鉄道システム請負者と土木建築請負者間のインターフェースにおける重要な点である。電柱の建植位置と合わせて具体的な取付方法を協議して決める。電車線側からは電柱に加わる応力、取付方法を提示し、土木側は構造上の制約からどのように対応できるかを提案し、双方で調整する。桁あるいは柱に電柱を固定する穴を設けるか、桁上部にボルトで固定するかについて協議する。ボルトで固定する場合には桁製作時に予めボルトを埋め込むので、ボルトの太さ、長さ、亜鉛メッキの仕様について双方の合意を得る必要がある。また、土木構造物の設計寿命は50年以上であるのに対し、

電車線の設計寿命は30年程度であるので、電柱の交換をどのように行うかも検討しておく必要がある。既存の電柱と隣接する位置に新たに電柱を建埴することになるかもしれないので、予備のボルトを埋め込んでおくかなどについても検証する必要がある。また、列車の脱線により、電柱が破損しないように位置を決めることも重要である。

8.3.3 迷走（漏えい）電流

漏えい電流について8.1.2に述べたように、帰線電流をどのように変電所に帰すかが問題となる。変電所からフィーダー線で電車線に送り出した電流は、車両からレールを通って変電所に帰る。しかし、レールには抵抗があり、レールから大地に一部の電流が漏れ出し、大地を経由して変電所に戻る。この漏えい電流は地中の水道管、ガス管などの腐食（電触）の原因となる。このため、軌道を絶縁して漏えい電流を少なくしようとするのが日本の鉄道の設計思想である。これに対し、ヨーロッパは漏えい電流があることを前提して、軌道と土木構造物の間に漏えい電流を集める漏えい電流吸収マット（Stray Current Collection Mat）を設け、変電所や駅に漏えい電流監視装置を設けることを規定している。欧米のコンサルタントの影響力が大きければ、これらの設置が仕様書に規定される。一方、日本式は軌道と大地間の絶縁抵抗測定を義務付け、絶縁抵抗が規定を下回れば、レールの絶縁をやり直して、絶縁抵抗を大きい値に保つようにしている。しかしながら、湿潤なトンネル区間ではレールの絶縁が不十分となることもあるので、不十分な場合には、負き電線をレールと並行して設け、帰線電流を流すようにしている。

信号システムとも関連するが、日本はレールを大地から絶縁することを基本としているのに対し、ヨーロッパはレールを大地に接地している。レールの接触電位（Touch Potential）を大地に対して60V以下として、感電のリスクをなくすという設計思想である。このため、信号の軌道回路はレールの少なくとも片側が接地されている前

提で設計される。一方、日本の信号システムは、レールが接地されていない前提で軌道回路を設計している。このため、軌道回路の一部が接地したり、レールの絶縁抵抗が小さかったりすると信号トラブルにつながる。交流電化区間でレールの接触電位が高くなるところでは、レールはインピーダンスを介して等電位接地されている。

駅のプラットホームも基本的には絶縁されており、車両が電車線からの誘導で電位が高い状態となっていても、旅客が車両の乗降の際に感電しないようになっている。プラットホームスクリーンドアの課題については後述する。

8.3.4 受電変電所

直流1500Vの場合は、電力会社から三相交流110kV等を受電し、三相交流22Vまたは33kVに変換して、き電変電所に給電する。この場合、電力供給の安定性を確保するため、受電変電所を複数として、それぞれ独立した電力回線から受電することが望ましい。受電条件は電力会社と協議することとなる。

変電所が地下の場合には、SF6ガス変圧器またはシリコン変圧器のような不燃とする必要がある。一方、地上または高架に設置する場合には、コストパフォーマンスの高い油絶縁変圧器採用も候補となる。

受電変電所からの給電範囲をどのようにするかも課題である。列車動力、信号・通信などの列車運行に直接関連する範囲に限定し、他は一般電源を駅等で受電することも考えられる。しかし、ODA対象国の電力事情を考慮すると一般電源の供給信頼性に問題があるので、受電変電所から一括して給電することが列車運行を含めた鉄道システム全体の安定性の観点からは望ましいと言える。また、駅の一般電力デマンドが車両の電力回生ブレーキで発生した電力の受け皿としても期待できる。回生電力吸収のため、き電変電所にインバーターを設けて直流を交流に変換するが、変換された交流電力を電源側に返すのは問題が多く、電力会社が望むところではない。東

京などで電力回生ブレーキが広く使用されているが、回生電力は他の列車で消費するか、駅の一般電力として消費されるか、電車線電圧を上昇させて送電ロスを増加させるかのいずれかである。

8.3.5　き電変電所

　列車用動力を給電する。交流22kVを直流1500Vに変換するが、交流の脈流分を少なくするため三相交流を6相として直流に変換している。この他に、脈流抑制のためのコンデンサーなどを設けている。

　き電変電所から列車用動力電源は並列に電車線に給電し、一つの変電所がダウンしても、列車運行に支障のないようにしている。

　回生電力を交流に変換するためのインバーターが設けられることもある。また、電力貯蔵用のバッテリーやキャパシターなどを設けている場合もあるが、広く普及するには至っていないので、実証技術という観点からは、発展途上国のプロジェクトに採用することはためらわれる。

8.3.6　サービス変電所

　駅設備および駅構内に設ける信号、通信、AFCおよびPSDなどの電力供給のために、受電変電所から22kVあるいは33kVで、き電変電所に送電し、き電変電所でさらに11kVあるいは6.6kVに降圧して、駅構内のサービス変電所に給電する。この送電線は複数のき電変電所の変圧器を結ぶループ式として、変電所のうち一つがダウンしても、電源が確保できるようにする。

　サービス変電所の変圧器の2次側は三相交流400V、380Vあるいは220Vなどの現地で広く使用されている電圧とする。駅構内の重要機器は、UPSを設けて、停電時のバックアップとする。

　駅構内の売店など、列車運行に関係しない電力負荷に対しては、一般電源を受電することもある。

8.3.7 非常用発電機

電力供給の信頼性に不安のあるところでは、停電に備えて非常用にディーゼル発電機を設置する。発電機の容量は、停電時にどの範囲をバックアップするかで決まる。一般的に、非常用照明、信号通信機器などは無停電装置（UPS）で一定時間のバックアップをとるようにしているので、非常用発電機は地下駅の排煙、排水などの基本的な負荷に給電する。

8.4 信号および列車運行管理

8.4.1 列車間隔制御

(1) 軌道回路と無線

日本の列車検知は軌道回路を基本としている。車軸カウンターのような軌道回路を使用しない列車検知システムは、新幹線の軌道回路のバックアップとして使用されている。したがって、列車間隔制御を自動的に行う自動列車制御（ATC）は軌道回路をベースとしている。初期のATCでは軌道回路に1ないし3kHzの高周波電流を流し、10ないし30Hzのアナログ変調でATC信号を送信していた。最近の軌道回路は20ないし30kHz帯のデジタル変調による信号伝送を行っている。これにより高精度の列車位置検知と間隔制御を行うことができる。しかし、軌道回路は信号機器室からレールまで信号セクションに対応したケーブルを敷設する必要があり、初期投資および保守費が高くなる。海外プロジェクトでは、初期投資を如何に低くするかということと合わせて、ケーブルやインピーダンスボンドの盗難防止が重要課題となる。あるプロジェクトでは完成間際にケーブルなどの盗難があり、開業を遅らせた[8]。このため、貨物鉄道などの駅間距離の長いものでは、軌道回路よりも車軸カウンターが好まれることもある。

---

[8] Vandalism delays Eskisehir - Gebze high speed opening、Railway Gazette International 電子版、2014年5月27日

都市鉄道であっても、地上設備が節約できればそれに越したことはないので、既存設備の制約がない場合には、無線を使用した列車位置検知と間隔制御の採用が検討される。日本の信号技術者の一部は、このような無線を使用した信号システムに経験がないとして、拒否反応を示すこともある。しかし、世界的傾向として無線による信号システムは増えてり、JR東日本も日本独自の技術を仙石線での試行を経て、埼京線での採用を決定し、常磐緩行線（千代田線）にヨーロッパ技術導入の検討を開始している。

このような趨勢から、軌道回路に固執することは当該信号技術者の能力あるいは日本の技術に対する不信感を招くおそれがある。

(2) 適用規格

信号関連のJISには、信号用語等の規格のみが制定されており、信号システム全体、信号システム設計方法を規定する規格は無い。日本国内においては、発注者である鉄道事業者の力が強く、鉄道事業者ごとにテイラーメイドの仕様書を作成し、統一規格がない。例えば、新幹線の安全を担保するATCは、アナログのときには、JRSで国鉄としての規格があったが、デジタルATCとなってから、各社が異なる仕様のものを採用しているので、統一された規格は無い。もちろん、個々の線区の使用条件に合わせて細部の仕様が異なるのはやむを得ないと思われるが、システムの基本となる情報伝送方式、情報コード、性能評価方法などについては、統一規格とすべきではないだろうか。これも鉄道事業者間の合意が得られずに、規格制定に至っていない。国内ビジネスとしては、これでも成り立つが、海外ビジネス展開においては、規格のないことは致命的であり、ENやIEEEを採用することとなり、日本の技術を反映したものとはならない。

ヨーロッパ各鉄道で異なる信号システムを採用していた結果、相互直通運転の拡大に伴い、直通運転する車両は乗り入れする国の信号システムに対応した設備を搭載することが必要となった。例えば、英国とフランス、ベルギーを結ぶユーロスターは、英国、ベルギー

およびフランス（2種類）の信号システムに対応しなければならなかった。これは非常に非効率であるので、信号および通信のヨーロッパ統一規格を制定する必要に迫られ、ERTMS（European Rail Traffic Management System、ヨーロッパ鉄道輸送管理システム）の開発が進められ、その一部としてETCS（European Train Control System）が開発された。このなかに、無線を使用した列車間隔制御も含まれる。この動きに対抗するため、JR東日本はATACS（Advanced Train Administration and Communications System）の開発に着手し、仙石線で試行し、埼京線に展開しようとしている。その成果をJRTC（Japan Radio Train Control system）としてJIS E3801を2009年に制定した。しかしながら、ETCSの国際標準とする動きに対する日本側の反論経過もあって、ETCSもJRTCも国際規格にはなっていない。一方、ピープルムーバーや地下鉄を中心に無線を使用した列車制御システムCBTCが米国規格[*9]IEEE 1474.1「Standard for Communications-Based Train Control（CBTC）Performance and Functional Requirements」として1999年に制定され、米国に限らず海外プロジェクトに採用されている。ヨーロッパメーカーが各国に売り込んでおり、日本のODA案件においても、発注者がIEEEの採用を要求することもあって、JIS E3801は国際規格として認知されていないので、IEEEとJISとの比較を通じて日本の信号技術をアッピールすることになる。しかし、使用する無線周波数について、JRTCは400MHz帯を使用するのに対し、CBTCは2.4GHz帯を使用しているので、使用可能な周波数帯によっては、JRTCが不利となる。

　上記の動きとも関連するが、日立はETCSと互換性のある信号システムを開発[*10]し、CBTCとして、日本信号[*11]および京三製作所[*12]も開発しているが、IEEEに則ったものか否かは不明である。さらに、JR東日本はATACSの他にCBTC技術導入のためにヨー

[*9] 米国電気電子技術者学会（The Institute of Electrical and Electronics Engineers）が制定し、米国国内規格協会（American National Standards Institute）が承認した規格である。

JR東日本仙石線で試行中のATACSの車上モニター装置

ロッパのタレス社と交渉を開始[*13]している。このように、CBTCを巡る動きは目まぐるしく、いずれが本命になるにしても、どの規格をベースに信号システムを構築するかを明確にする必要がある。

列車位置検知および間隔制御のシステムについては、IEC 61508[*14]に規定する SIL 4 [*15]の安全認証が要求されており、いずれかの認証機関で取得する必要がある。

---

*10 日立製作所プレスリリース資料2013年12月26日によれば、「欧州列車制御システムETCS（European Train Control System）規格への適合を示す欧州相互乗入技術要求（TSI：Technical Specification for Interoperability）認証を取得し、ETCS規格に準拠した車上信号装置を製品化した」

*11 日本信号ニュースリリース「世界初、完全無線式列車制御システム「SPARCS」が中国・北京地下鉄15号線にて営業運転開始」、2012年2月10日

*12 無線式列車制御システム（K-CBTC 3形）CBTCに適した列車制御方式 IT-ATC（仮想化固定閉そく式ATC）、大嶋薫（京三製作所）、高田哲也（京三製作所）、板垣朋範（京三製作所）、京三サーキュラー巻：59号：2 ページ：4-9、2008年03月01日

*13 JR東日本プレスリリース2013年2月21日

*14 IEC 616508: Functional safety of electrical/electronic/programmable electronic safety-related systems

*15 Safety Integrity Level、高頻度モードにおける安全度水準（SIL）は、安全機能の危険側失敗の平均頻度で定義され、SIL 4では10-8未満10-9以上としている。

8.4.2 インターロック制御

駅および車両基地内の列車進路に係わる信号および分岐器のインターロックは、コンピューター制御の電子式が普及しており、インターロックシステムの安全性認証としては、上記と同様 IEC 61508 の SIL 4 が要求される。

8.4.3 列車運行管理

列車運行管理のため列車運行管理センター（OCC）を設けて、そこに列車位置情報と駅および車両基地の分岐器や信号の情報を集中して、OCC から線区全体を監視、制御することが一般的である。

JR東日本仙石線で試行中のATACSの地上アンテナ

場合によっては、制御の一部を駅レベルに落とす分散制御も行われている。どのようなシステムを構築するかは、列車運行事業者と協議して決めることになるが、列車運行事業者が未設立であり、仕様を早急に決めなければならない場合には、受注者の経験から最適と考えられるシステムを提案し、システム設計の前提条件を書面の形で明文化する必要がある。システム完成間際、あるいは完成後に列車運行事業者が設立された場合に、それを基に細部の詰めを行うこととなる。その場合に、大きな手戻りを避けるためにも、明文化されたものが重要となる。

OCC のバックアップおよび OCC 要員の教育訓練用にバックアップ OCC（BCC）を設けることが望ましい。

本線の列車運行管理と工場を含む車両基地構内の管理を分離する

表8-3 CBTC 規格 IEEE 1474.1/D8.0 と JIS E3801-1 の比較

項目	IEEE 1474.1/D8.0	JIS E 3801-1	コメント
相互運用性	本規格の中では相互運用性については規定しないことを明文化しており、それを求める場合には事業者によって規定するように述べているのみ。	複数の製造業者の設備に対して機能および性能に本質的な変化をもたらさずに CBTC の機能を発揮できるよう、要求している。例えば車上設備の製造業者と異なる製造業者の地上設備区間を列車が CBTC により走るとこができるように本規格書で規定している。	このことは延伸時に必ず問題を生ずることになる。場合によっては既存のシステムをすべて取り換えなければならないことになる。
相互互換性	規定なし。	異なる製造業者が製造したシステム構成要素を取り換えることができるように規定している。ただし要求事項は事業者に任されている。	構成要素の交換時に互換性は事業者にとって有利となる。
安全性・電磁両立性など	ハザードの評価などについて MIL 規格による評価を求めている。電磁両立性については APTA 規格を規定している。	安全性については IEC 規格によることを規定している。電磁両立性についても同様に IEC 規格によることを明文化している。	IEEE は IEC 規格に触れていない。
性能	性能について具体的な数値目標を定めている。例えば列車検知の精度について誤差 ±5m ～ ±10m としている。ただし TypicalRange としている。ハザードが生じる平均時間間隔（MTBHE）についても 10^9 時間の動作時間を要求している。	性能については一切規定していない。	JIS 規格は機能のみを規定しており、性能については規定していない。IEEE の方がより定性的で評価はしやすい。ただし製造業者の設計上の自由度はある程度規制されることになる。

列車運行管理センター（OCC）の例：線区ごとの表示板と操作卓を設けている。

ことも検討しなければならない。

8.5 通信

8.5.1 情報伝送ネットワーク

　情報伝送ネットワークは、信号、AFC、駅設備監視などの情報伝送に用いられる。ここで重要なのは、通信回線はループ状として冗長系を持たせ、いずれかのケーブルが切断されても、他のケーブルを迂回して情報伝送ルートを確保することである。また、外部回線とは独立したものとすることが必要である。外部ネットワークと接続した場合に、外部からの侵入を防ぐことは難しい。鉄道の運行に係わる信号や運賃収入に係わる AFC データのセキュリティを確保するためにも、独立したシステムとすべきである。外部との電話連絡、インターネットの接続は、それ専用のものでシステム構成を行う必要がある。OCC および駅と列車間、保守要員と OCC 間の無線通信も同様とし、外部との連絡が必要であれば、携帯電話会社の携帯電話を別に用意すべきである。

　警察、消防および電力会社との連絡も専用とする。

8.5.2 列車無線

TETRA あるいは GSM-R が標準化されているので、そのいずれかを採用することとなる。既存のシステムがあれば、その延長でシステム構成をすべきである。

8.6 自動出改札

8.6.1 IC カードと国際規格

日本の鉄道事業者が国際規格の重要性に目覚めたのは、JR 東日本が非接触 IC カードシステム「スイカ」の導入に際し、スイカに使用する IC カードタイプ C（フェリカ）が国際規格に適合していないとのクレームが米国メーカーから出されたときである。IC カードは1970年頃から開発され、ヨーロッパでは近接形のタイプ A（フィリップエレクトロニクスの開発したマイフェア）とタイプ B（モトローラが開発）が普及していた。IC カードの規格として ISO/IEC 14443シリーズが両者をベースに2000〜2001年に制定されており、日本メーカーが近傍形のタイプ C を同規格に入れようと提案したが、反対され、タイプ C は国際規格とはなっていなかった。スイカ導入は丁度この時期に当たり、JR 東日本が WTO 協定の政府調達の枠内にあったときである。しかし、スイカに要求される仕様をタイプ A およびタイプ B は満たすことができないので、フェリカがスイカとして採用されるに至った。

その後、フェリカとマイフェアの上位通信方式が ISO/IEC 18092（NFC、Near Field Communication）として標準化された。2005年1月には、拡張規格である NFC IP-2 が ISO/IEC 21481として国際標準規格に制定されタイプ B にも対応するようになった。

海外プロジェクトにおいて、ヨーロッパ勢による売込が激しく、日本が開発したタイプ C 採用には多くの努力を必要としている。ヨーロッパ勢の主な主張は、タイプ C は日本メーカーの独占であり、価格が高いとしている。一方、日本メーカーは処理速度の速さと、データのセキュリティの高いことの優位性を主張している。しかし

ながら、性能が多少劣っても安い方がいいという価値観もあるので、高くてもよいものを買うことにはなかなかならない。そのため、日本メーカーは海外生産によるコストダウンも行っている。タイプCの利点としては、通信距離がタイプAやタイプBよりも大きく取れ、バッグの中に入れても改札機リーダーとの通信が可能であることが大きなメリットと言えないであろうか。タイプCを使っている香港のオクトパスでは、鞄を改札機の上にかざしている事例が多く見受けられる。それに対し、タイプBでは、カードを鞄あるいは財布から取り出して改札機にかざす必要があり、治安の悪い国にでは盗難のリスクが大きい。以上のような事情を考慮して、発注者に最適なICカードシステムの提案をすることになる。

8.6.2　ICカードと乗車券

　新規プロジェクトでは、磁気コード式の紙の乗車券は考えられない。ICチップを内蔵したカードかトークンが乗車券として使われる。片道乗車券の場合、カードよりもトークンの方が回収しやすく、繰り返し使用にも耐えられるので、インド・デリーメトロではトークンが使われている。タイ・バンコクではカードが使われているが、改札機の構造が複雑になるとともに、繰り返し使用されたカードは表面の印刷がかすれるなどの劣化が著しい。

8.6.3　自動券売機

　自動券売機の課題は、取り扱う券種と通貨の種類である。
　プリペイドカードに特化したものであれば、発券するカードと取り扱う通貨の種類を限定できる。しかし、片道乗車券を発券する場合には、取り扱う通貨の種類が増え、券売機内部の通貨保管スペースも増える。最も大きな問題は、通貨の種類が増えることによって、機械による通貨識別の難易度が上がることである。
　インド・デリーメトロの場合には、片道乗車券の支払いに使われる小額紙幣（10ルピー、約20円）は汚損されたものが多く、機械での

自動券売機の例：シンガポール MRT、路線図の駅名を選択して表示された運賃を紙幣または硬貨で支払い、乗車券を受け取る。

識別が困難である。合わせて、識字率が低いこともあって、自動券売機ではなく、有人窓口の手売りとなっている。

　ベトナムの場合には、1万ドン（約50円）以上のポリエステル紙幣は偽造防止対策が施されているが、5,000ドン以下の紙幣は偽造防止対策が不十分である。また、ポリエステル紙幣であっても、使用頻度の高い1万ドン、2万ドン紙幣は劣化したものが多く、機械での識別が困難となることが予測される。仮にポリエステル紙幣を受け付けるとしても、釣銭として5,000ドン以下の紙幣を用意しなければならず、それらの識別も課題となる。さらに、コインが流通していないことも問題である。

　クレジットカードの使用については、数10円単位の取引ではクレジットカードの取扱手数料が高くなると見込まれる。同時に、都市鉄道利用者の所得水準からクレジットカードを保有するものも少ない。したがって、クレジットカードの使用は考慮外であろう。

フラップ式ゲートの自動改札機の例：東京モノレール、正規の乗車券でない場合にフラップが閉じて入場または出場を阻止する。カードリーダーを両側に設けることにより双方向の通行を可能にしている。

8.6.4 自動改札機

　ストアードフェアカードは入出場の際に改札機のカードリーダーにカードをかざすだけで、運賃の収受が行われる。片道乗車券は出場時に回収するか否かが問題となる。ICカードの製作コストが運賃水準に比べて高いことが問題であり、出場時に回収する必要がある。この場合、改札機の構造が複雑となり、保守を含めたコスト増となる。一方、回収しない場合には、運賃の他にデポジットをとり、使用済乗車券を精算機に投入することによりデポジットを返金するようにする。この方式はシンガポールで行われていたが、乗車券をタイプCからタイプBに変更した後に、廃止された。デポジット方式は、低所得層の多い鉄道利用者には受け入れられないであろう。
　自動改札機の構造決定に際し、不正乗車防止対策をどのようにするのかが課題となる。日本で広く使用されているフラップ式改札機は、単位時間当たりの処理能力は高いが、不正乗車客に対する抑止

扇型ゲートの自動改札機の例：シンガポール MRT、ゲートは常時閉じており、正規の乗車券の場合にゲートが開く。

ターンバー式の自動改札機の例：上海地下鉄、ターンバーは常時閉じており、正規の乗車券の場合にターンバーを回転させて入場または出場できる。

第 8 章　技術上の課題　　185

ゲート式の自動改札機の例：パリ地下鉄、ゲートは常時閉じており、正規の乗車券の場合にゲートを押し開いて入場または出場できる。ゲートは反対側からは開かないようにしている。

力は弱い。フラップが閉じても強引に通過することができる。香港MRTやデリーメトロなどで採用しているターンバー式の処理能力はフラップ式より低いもののターンバーを乗り越えるか潜り抜けるかしなければ通過できない。デリーメトロでの経験では逆方向からターンバーを強引に乗り越えてくる集団に遭遇しているので、ターンバー式の抑止力にも限界がある。パリ地下鉄などで採用しているゲート式は逆方向からの侵入を防ぎ、不正乗車客のゲート通過も防ぐが、処理能力は最も低くなる。ゲート方式でも二人が一枚の乗車券で密着して通過する場合には対応が難しい。多少の不正に目をつぶっても処理速度を優先するのか、不正乗車防止を優先するかによって、自動改札機の構造と台数が大きく変わる。

　駅構内での火災発生の際に自動改札機を開放して旅客の避難路を確保する考え方もあるが、不正乗車防止対策とは相いれないので、駅の構造として避難用に非常扉を別に設ける必要がある。

フルハイト PSD の例：シンガポール MRT 地下駅、ホーム内と外は分離し、駅の冷房効果を高めている。

8.7 その他設備

8.7.1 プラットホームスクリーン

プラットホームスクリーンドア（PSD）はホーム床面から天井までのフルハイトとホーム床面から1.2m までのハーフハイトの2種類がある。

PSD はヨーロッパでは、フルハイトのものが無人運転の新交通システムや地下鉄に最初に採用され、ハーフハイトのものはなかった。一方、日本は新幹線熱海駅のプラットホームに設置されたハーフハイトのものが最初で、その後フルハイトとハーフハイトが並行して普及した。

ヨーロッパも日本もフルハイトといえどもドア上部は開放されており、ホームと線路の上部空間は繋がっており、換気や排煙については、両者一体で設計される。

香港やシンガポールなどの地下鉄に採用されたフルハイトの PSD は、ホームの冷房効果を高めるために PSD 上部を密閉し、

ハーフハイト PSD の例：東京メトロ副都心線、ホーム内と外の空間は一体であり、トンネルを含めた冷房を行っている。

PSD のセンサー：PSD と車両の間に旅客や物が挟まったことを検知し、異状があれば、PSD および車両の扉を開く。車両限界から200mm 以上離して設置。

ホームと線路を空間として分離している。このため、換気および排煙は両者独立して設計する。密閉されたPSDで留意しなければならないのは、列車の進入・進出に伴う列車風の荷重を考慮することである。もちろん、PSDは耐火壁としての機能も必要となる。

PSDの設置位置は、センサーを含めて建築限界内（車両限界から200mm以上外側）としなければならない。PSDと車両の間に人や物があることをセンサーで検知して、障害物のあるときにはPSDを開放するなどして安全を確保する必要がある。

PSDの安全上の課題として、接触電位の問題がある。日本のシステムでは軌道を接地していないので、軌道すなわち車両は一定の電位を有している。PSDを接地すれば、車両とPSDの両者に旅客が同時に触れた場合には感電の危険がある。このため、PSDはプラットホームから絶縁し、PSD表面も絶縁塗料を塗布し、プラットホームの車両出入り口付近も絶縁材料で舗装して、旅客を感電から防いでいる。

上記対策では不十分とするヨーロッパ人コンサルタントの意見もある。すなわち、電車線は破断してPSDに接触した場合、絶縁塗料や絶縁物の劣化によるPSDの絶縁不足の場合には、感電のリスクが残る。これに対し、PSD本体とレール間をインピーダンス接続して、PSDとレール間の電位を60V以下とする対策も考えられる。この場合、PSD表面の絶縁塗料塗布は不要となる。

いずれにしても、PSD設置に関する技術基準や規格は制定されておらず、上記の方策も鉄道事業者の発注仕様書に記載されているのみであり、国際的に通用する説明材料として使えない。したがって、ハザード分析の結果、このような設計方針とするというような説明資料を作成することになる。

8.7.2 エレベーターおよびエスカレーター

移動障害者対策として必須のものとなっている。駅が深くなればなるほど、高くなればなるほど、垂直移動が大きな問題となるので、

エスカレーターの例:シンガポール MRT

なるべく地表に近い位置にプラットホームを設けることが理想である。

エレベーターやエスカレーターがあっても停電時のことを考慮すれば、階段は必須となる。

8.7.3 駅およびトンネル換気設備

PSD をフルハイトとして駅構内とトンネル部を分離する場合には、駅構内の冷暖房および換気とトンネル換気は別系統で設置することとなる。

冷暖房や換気設備設計における重要な課題は、冷房装置の冷却塔、換気装置の換気塔を何処に設置するかである。いずれも大きなスペースを必要とし、道路下に地下鉄を建設する場合に、既存の建築物で埋め尽くされた空間の中にそれらの設置場所を探す必要がある。

地下鉄銀座線や丸ノ内線のように地表から浅い地下鉄は、トンネル上の歩道に換気口を設け、列車の走行風を利用した自然換気を行っていた。マリリンモンローのスカートもまさにその結果である。

しかし、地表深くに地下鉄が建設されるようになり、駅の冷房も行われるようになった結果、大きな冷却塔や換気塔が必要となった。

京葉線用の換気塔

東京駅丸の内側に設置されている総武線地下駅の換気塔と冷却塔

第9章　車両保守と車両基地

9.1　車両検査計画

9.1.1　車両保守の意義

　鉄道事業者の立場からは、旅客あるいは従業員の死傷事故は経営に致命的なダメージを与える。死傷者への補償金、事故復旧費等の直接的な経費だけではなく、企業イメージを大きく損ない、経営陣の進退にまで影響する。そこまでいかなくとも、営業運転中に故障で運休あるいは大きな遅延を引き起こすと、列車運行への影響が大きく、収入が減少し、利用者からのクレームにさらされる。

　利用者の立場からは、事故のないことはもとより、時刻表通りに正確に運行され、清潔かつ快適な車両が求められる。

　メーカーあるいは受注者の立場からは、保守の過程で、設計・製造の不備を早期に発見し、重大な事態に立ち至る前に、予防措置をとることが求められる。

　このように、列車すなわち車両を安全かつ安定して運行することがそれぞれの立場から要求されており、保守が必要な理由である。しかし、一方では経費を如何に抑えるかも鉄道事業における課題である。ここから、リスクとコストのバランスが追求される。この結果、様々な保守システムが各事業者で導入されてきた。鉄道事業者にとって鉄道車両の購入単価は高く、維持管理を含めて事業コストの大きな部分を占めている。経営の観点からは、最小限の車両を購入し、最小限の保守コストで如何に稼働率を上げるかが重要課題となる。保守システムが適切であれば、故障や保守のための予備車両数を少なくすることができ、稼働率（アベイラビリティ）を高くし、鉄道事業全体のコスト低減に寄与する。また、設計の不備を保守でカバーすることもできる。保守が不適切であれば、保守に要する時間が長くなり、故障で使用できなくなる車両も増え、アベイラビリ

ティの低下とコストの上昇を招く。このように、車両の保守は鉄道経営に大きなインパクトを与えるものであり、国内の鉄道事業者が直営で保守を継続し、技術者養成とコスト管理を行ってきた理由でもある。

新幹線ならびに東京や関西の大都市圏の鉄道では、事故はもとより列車の運休・遅延に対しても厳しい批判にさらされる。したがって、これらの鉄道では車両に高い信頼性を要求され、保守費も比較的高いものとなっている。同じ国内であっても、地方の中小鉄道事業者は厳しい経営状況からコスト低減が優先される傾向にある。目を海外に転じれば、よほど大きな事故でない限り、日常の運休や遅延に対して寛容な国もある。このように、鉄道事業者といっても同じ環境にはないので、車両保守システムはその鉄道の置かれた環境に対応したものが求められる。したがって、全ての鉄道に新幹線や東京の通勤電車と同じ保守システムを導入することは合理的とはいえない。

海外車両案件において、車両納入だけではなく、保守をも含んだ契約が多くなる傾向にある。既存の鉄道事業者であれば、鉄道運営や保守のための組織も人員も既に抱えているので、新しい車両が入っても対応できる能力がある。しかし、東南アジアなどの都市鉄道案件では、既存鉄道事業者が貧弱であったり、既存鉄道とは関係のない事業者が新しい鉄道の運営や保守に参画したりするケースが増えている。インフラ整備は借款で、運営や保守は技術援助で整備するというプロセスを採用しようにも、時間的余裕もなければ人もいない。短期間で都市鉄道を整備して、立ち上げなければ、自動車交通の増加を抑制できずに、都市機能が麻痺するおそれがある。このような切羽詰った状況で、車両購入と保守をセットにした契約とすることが求められている。

同様の例は、自動車交通から軌道系交通機関に都市交通の主役を転換しようとしている欧米都市にも見ることができる。保守付き車両リース、保守業務受託、運営業務受託の新事業が欧米で発達した

のも、そのような状況からであった。フランスの運営会社がストックホルム地下鉄を運営したり、国際資本がドイツや米国の車両リースに乗り出したりの例は枚挙に暇がない。

以上の背景から日本企業が関与する東南アジア等の案件でも、運営と保守の抱き合わせ、車両納入と保守を抱き合わせとした契約が要求されるようになってきた。車両調達と保守のセット契約前提では、メーカー中心に新しい仕組を構築しなければならない。しかしながら、日本国内において、鉄道営業法の規定もあって、鉄道車両の保守は基本的には鉄道事業者自身が行っており、メーカーの関与する場面は少ない。一方、各国の発注者への欧州勢の売り込みも盛んであり、提案する技術、車両納入コストおよび保守コストについても、欧州勢との比較を求められている。日本の保守システムのコピーを提案すれば済む時代ではなくなっている。ここに、従来の日本型の鉄道車両保守ではなく、新たな保守システムの概念を構築する必要がある。もちろん、ゼロベースからの提案ではなく、日本の保守システムをベースに相手側の条件に合わせて変更を加えることになる。この場合、日本と現地との使用条件の差異、部品調達の課題も含めた合理的説明を求められるのは当然といえよう。

ここでは輸出の主力である電車の保守について述べる。

9.1.2 保守の定義と種類

(1) 定義と役割

英語の Maintenance は保守とも保全とも訳される。学術的文献では保全が好まれて使用され、現場に近いところでは保守が使用される傾向にある。ここでは一般的な用語の使用傾向に準じて保全と保守を使い分けることとする。

保全は、IEC 60050 (191) の定義に従えば、「要求される機能を果たし得る状態に製品を維持・修復するために行う、全ての技術・管理処置の総称で、監督活動を含む」である。ちなみに英語の原文では「The combination of all technical and administrative actions, including supervision actions, intended to retain an item in, or restore it to, a state in which it can perform a required function」となっている。

　車両保守の狭義の役割は、上記の定義のように、信頼性とアベイラビリティを維持することにある。しかし、もう一つの役割は、使用中あるいは保守作業の過程において発見した設計、製造あるいは使用条件に起因するトラブルの原因を追究し、必要に応じて、他の車両の一斉点検、設計変更、部品交換等の予防措置を採ることである。これはトラブルの再発防止、見過ごしによる重大事故の発生防止につながる重要な活動である。設計、製造と保守の間での情報共有が、よりよい車両を開発し、運用することにつながる。

　メーカー自身あるいはその代理店が保守を行っている自動車業界では、設計・製造に係るトラブル情報は、メーカーに集まる仕組となっており、事故につながるような部品の不具合等はリコールにより、改修または取替が行われる。航空機の場合もトラブル情報はメーカーに集まり、必要に応じて改修や保守方法の変更情報がメーカーからユーザである航空会社の保守部門に伝えられる。このように、メーカー主導で事故の再発防止を図っている。

　一方、鉄道車両では、保守を鉄道事業者あるいはその委託を受けた専門業者が行う場合が多く、設計・製造に係るトラブル情報は、クレームとしてのみメーカーに集まる仕組であり、鉄道事業者とメーカーとの連携が不十分であれば見過ごされる可能性がある。あるいは契約で定めた保証期間を経過した後の情報が集まらないこともある。再発事故防止は主として鉄道事業者の保守活動に委ねられ、他の事業者のトラブル情報が共有化されることはほとんどない。鉄道車両がオーダメードに近い発注形態を採っていることもその原因といえる。しかし、標準車両や部品の標準化が進んできた今日、一事業者で発見されたトラブルを他の事業者に如何にフィードバックするかが必要となっている。欧州メーカーは車両納入と保守を合わせた契約を受注することにより、車両の設計、製造に起因するトラ

ブル情報の収集、改良が行えるようになってきた。これは、保守業務を受注していない日本メーカーの競争力をそぐ結果になるであろう。

(2) 予防保全と事後保全

前記の IEC 60050 (191) の定義に従えば、予防保全とは「故障が発生する可能性の低減または、機能低下の抑制を目的として、予め決められた間隔で、あるいは所定の基準に従って行われる保全（メンテナンス）」であり、英文では「preventive maintenance:maintenance carried out at predetermined intervals or according to prescribed criteria and intended to reduce the probability of failure or the degradation of the functioning of an item」となっている。

事後保全とは是正保全とも訳し、「故障が発生した後に、製品を（本来の）要求機能を果たし得る状態にするために行われる保全（メンテナンス）」です。英文では「corrective maintenance:maintenance carried out after fault recognition and intend to put a product into a state in which it can perform a required function」となっている。

前項に述べた定期検査は予防保全であり、日本国内の鉄道車両は定期検査方式による予防保全を実施している。車両各部にセンサー等を設けて、故障の予兆を検知して、故障に至る前に部品交換や調整を行う「状態監視保全」も予防保全に含まれる。状態監視保全は、エレベーター等で採用されており、エレベーターと管理センター間で情報伝送を行い、保守点検を簡略化している。しかし、車両の場合には、地上と車両間の情報伝送方法を確立する必要があり、海外では GSM-R (Global System Mobile Communications-Railways) 等が活用されている。車両基地に戻ったときに、情報を収集する方法もある。

予防保全のポイントは、故障発生の可能性を低減させることであって、故障をゼロにすることではない。目標として故障ゼロを掲げるにしても、電球が何時切れるかは予測できないし、最近増えているデジタル機器でも故障予測はできないので、実際上はゼロには

できない。故障が発生しても、その影響を最小限とすることが設計段階で求められる。すなわち、列車運行に重大な影響を及ぼすものであれば、デジタル機器の場合は2重系あるいは3重系の冗長系構成とし、故障が発生したら他の系で代替し、速やかに交換することで、影響を抑えることができる。2重系とすることができない機械系では、ブレーキについては故障イコール停止のフェイルセーフ構成として、重大事故の発生を防ぐ。台車であれば亀裂進展速度よりも短い周期で検査[*1]するなどの対策を採り、仮に検査で見過ごしても次回検査まで使用に耐えるようにする。このように、予防保全だけで全てをカバーするのではなく、設計段階から故障へのバックアップを用意して、重大故障にならないような配慮が必要となる。これは、故障の木分析（FTA、Fault Tree Analysis）あるいは故障モードおよび効果分析（FMEA、Fault Modes and Effects Analysis）により定量的に分析できる。

　事後保全は、完全に機能を失ってから直すのか、それに至る前に必要な措置をとるかによって、復旧時間が異なる。完全に機能を失ってから直すのでは、故障発生時期の予測ができず、車両数が多くなったときには、故障および復旧のための不可動車両が集中し、車両全体の稼働率低下を招く畏れがある。このように、事後保全のみで車両の稼働率を適正な水準に維持することはできない。定期点検と併用して、早めに故障の兆候を検出するようにすべきである。

(3) RAMS規格との関連

　海外案件では、信頼性やアベイラビリティの目標値が示されることが多い。RAMS規格[*2]がIEC化されてから特にこの傾向が強くなっている。RAMS規格の浸透と期を一にして「信頼性志向保全

[*1] 亀裂進展速度を意識した設計は実際のところ難しい。製造工程によっても左右されるからである。過去の故障事例を見ても安全率という経験値で救われたケースが多い。

[*2] IEC 62278: Specification and Demonstration of Reliability, Availability, Maintainability and Safety、オリジナルは英国規格

(Reliability Oriented Maintenance)」の概念が提唱されている。一部案件では、この概念に沿った保守システムの提案が要求されているが、具体的な事例が少なく言葉が独り歩きしている感がなくもない。新車投入時から車両の状態に関りなく、一定の保守作業を定期的に行うことは、保守費が高くなるので、車両の状態に応じて周期や内容を弾力的に変化させて、信頼性を維持しつつ、保守費を低減することが本来の趣旨といえよう。

　点検、給油、調整および消耗品交換の作業は比較的短い周期で必要となる。一方、軸受や電子機器の寿命は設計段階で設定することが可能であるので、これらをベースに、機能や性能検査、部品交換、重要機器の解体検査を組み合わせていくこととなる。このときに、保全作業で得られたデータと運用中に得られたデータを蓄積・分析して、信頼性が所定の値以上となるよう検査内容と周期を決定する必要がある。しかし、白紙から構築するのは難しいので、既存の定期検査システムをベースに変更を加えていくというプロセスが実際的であると考える。

9.2　日本の車両保守システム

9.2.1　概要

　車両保守は、清掃、点検、給油、消耗品交換、調整、機能検査、部品交換、洗浄や部品交換を含む部品や機器の解体検査、車体修繕、塗装等からなり、それらを適宜組み合わせて行われる。すなわち、清掃、点検、給油および消耗品交換はその性格上頻繁に行う必要があるが、機能検査、部品交換、部品や機器の解体検査、車体修繕、塗装については、車両の構造や部品・機器の劣化状態に基づいて、それぞれ別の周期で行われる。解体検査、車体修繕や塗装の周期を定めていないケースもある。

　車両清掃については、使用条件に応じて、列車のターミナルでの折り返し時に行う「折り返し清掃」、車両基地で定期的に行う「室内清掃」と「車体洗浄」に分かれる。室内清掃と車体洗浄にもいく

表9-1 国土交通省令による電気機関車および電車の定期検査

検査名称	周期	検査内容	記事
出区点検	車両基地または留置線出発時	列車各部の点検、ブレーキ試験など	乗務員が実施
仕業検査 (列車検査)	48時間以内	車両各部の点検、動作確認	
交番検査 (月検査)	30日または当該車両の走行距離が3万km以内	車両各部の点検、機能検査、パンタグラフすり板、ブレーキライニングなどの消耗品交換	消耗品交換については発生の都度
要部検査 (重要部検査)	4年または当該車両の走行距離が60万km以内	主要部分(台車、輪軸、電動機、ブレーキ装置、集電装置、ATC/ATS、冷房装置など)の検査	
全般検査	8年以内	車両全般にわたる検査	

つかの段階を設けている。

9.2.1 検査の種類と周期

　検査周期を定めて行うものを「定期検査方式」という。さらに、検査の種類毎に周期と内容を変えているものを「段階検査方式」という。これは、国土交通省令でも定められており、省令ベースの定期検査方式を採用している日本の通勤電車の例を表9-1に示す。なお、検査名称はJRで使用しているものを基本とし、公民鉄で使用している名称を括弧書きとした。これをさらに発展させたものとして、表9-2に示すJR東日本の新保全体系[*3]がある。ステンレスやアルミニウム合金製車体の採用、台車やブレーキ機器の摩耗部品削減、VVVFインバーター制御による交流電動機駆動などの新技術による車両各機器の長寿命化に対応して、機器グループ毎に機器

[*3] 新保全体系導入による車両メンテナンス革命、中島啓行、今井宏、2013年1月、総合車両製作所技報創刊号

表9-2 JR東日本の新保全体系（電車）

検査名称	周期	検査内容	記事
出区点検	車両基地または留置線出発時	列車各部の点検、ブレーキ試験など、車上のモニタリング装置で各機器の動作確認	乗務員が実施
機能保全(月)	90日毎	車上のモニタリング装置による機器の機能検査、パンタグラフすり板、ブレーキライニング等の消耗品交換	パンタグラフすり板、ブレーキライニングは地上装置でモニタリング、消耗品交換については発生の都度
機能保全(年)	360日毎	同上	
指定保全	60万km毎	パンタグラフ取替、冷房装置取替、主電動機軸受（中間給油）、空気圧縮機更油、安全弁取替、速度発電機ピン交換	パンタグラフ、冷房装置は予備品振替（交換後検査・修繕の上再使用）
装置保全	120万km毎	車輪取替、車軸探傷、主電動機軸受グリース交換、基礎ブレーキ装置等摩耗部品取替、電気および電子部品取替（一部）、空気圧縮機・空制弁類分解検査	車輪交換時期に合わせて実施 電子機器のコンデンサー寿命8年に対応
車体保全	240万km毎	アコモデーション修繕、車軸軸受取替、駆動装置軸受・たわみ継ぎ手取替、主電動機軸受取替、絶縁更新、電気機器分解検査、主変換器・補助電源装置電子基板取替、屋根絶縁塗膜塗直し	軸受設計寿命に対応して実施 電子基板寿命16年に対応 床材、屋根絶縁塗料の寿命に対応

の寿命をベースに検査内容と周期を再構成したものである。

この他に、故障発生の都度行われる臨時検査がある。

要部検査および全般検査について、「主要部分の検査」「車両全般にわたる検査」は、かつて「主要部分の解体検査」「車両全般にわたる解体検査」となっていた。しかし、車両や機器の構造と合わせて診断技術が進歩し、必ずしも解体しなくても内部の状態や性能の良否が判断できるようになったので、解体の文字が消えている。しかし、解体し、分解し、洗浄して、目視、寸法測定や試験機により各部品の状態を確認することが検査の基本であす。これにより、部品の劣化状態や損耗が分かる。

9.2.3 個々の車両検査内容

(1) 清掃・整備

営業列車として使用する際に、サービス水準維持のため、室内清掃、車体外部洗浄、灯具交換などが行われる。

室内清掃や車体外部洗浄も、列車の使用条件によって、方法と周期をきめ細かく設定して、サービス水準維持とコスト低減を両立している。

短い線区で沿線に車両基地が1箇所しかない場合は、車両は毎日基地に戻るので、清掃・整備の周期や作業計画は比較的容易といえる。しかし、沿線に車両基地や留置箇所が複数ある場合には、車両が基地を出発して、何時どの基地に戻ってくるかまでチェックしなければ、作業計画が立てられない。個々の作業に対応した作業時間、要員、同時に何編成を整備しなければならないかなどの制約条件を満たすように車両基地の設備や作業計画が決められる。

(2) 列車としての機能確認

車両を連結して本線上を運行できる状態にしたものを「列車」という。したがって、気動車または電車1両でも、本線上を運行するものは列車となる。かつての国鉄は電車も1両毎に管理して、必要の都度、列車として組成していた。これは客車時代の名残だったが、

車体洗浄機、車両の通過に合わせ洗剤散布、回転ブラシによる洗浄、清水散布、回転ブラシによる洗浄のサイクルで車体を洗浄する。先頭部用の洗浄機も開発されているが、構造が複雑なので、手洗浄で対応している。

JR発足後は電車を編成として管理するようになった。新幹線や公民鉄の電車は最初から編成として管理している。

列車としての機能確認は、出区点検と仕業検査（列車検査）の2種類である。

出区点検は、前号で述べた清掃や整備とは別に、列車として運行するのに必要な機能を満たしているかを確認するためのもので、車両各部に異状がないか、転動防止のために設置していた手歯止めが外されているか、前灯や尾灯が点灯するか、ATSやATC、集電装置、制御器およびブレーキ装置が正常に動作しているかを確認する。出区点検はその性格上、車両基地または留置箇所を出発するたびに行い、乗務員が点検する。

仕業検査（列車検査）は数日毎に、車両基地または駅[*4]で、検査専門の係員が走行装置、動力装置、ブレーキ装置、車体各部の点検と機能確認を行い、必要に応じて消耗品を交換する。鉄道事業者に

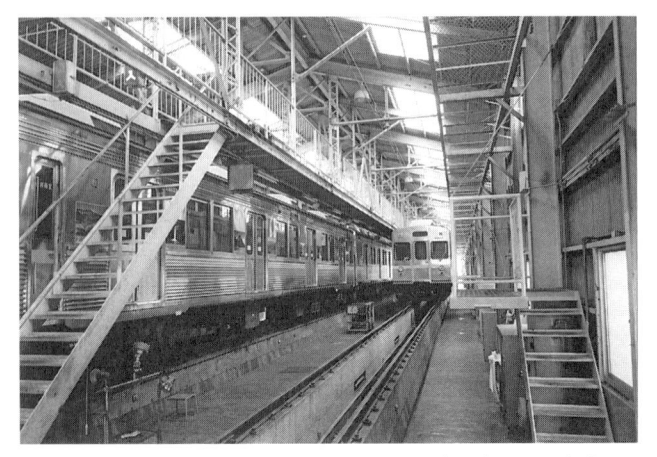

仕業・交番検査線、床下機器、屋根上機器および室内点検のための作業足場、電車線のき電停止設備（屋根上機器点検時の安全対策）、検査機器を設けている。

よって差はあるが、概ね1～2時間の点検時間であり、列車全体の間合いを使って行われる。車両や設備の使用効率を高めるためには、仕業検査の時間を車両運用計画全体の中に組み込んでいる。パンタグラフすり板、制輪子やブレーキライニングの品質が向上し、寿命が長くなっているので、異常な摩耗がなければ1～3カ月周期で行われる検査時期にまとめて交換される。最近の車両は自己診断装置を搭載しているので、診断装置によって自動的に短時間で機能確認を行うことができるようになっている。

(3) 消耗品交換

　ブレーキライニング、ブレーキディスク、制輪子、パンタグラフすり板等は、車両の走行に伴って摩耗し、使用限度を超えて使用すると様々なトラブルを引き起こす可能性がある。このため、定期的

＊4　日本では車両基地の専用設備を使用して検査が行われるが、国によっては、沿線主要駅に検査ピット等を設けて、検査を行うようにしている。

に寸法や外観を点検して、次の点検までに使用限度に達しないように交換する。管理を容易にするため、点検時に部品の残り寸法がこれ以下ならば交換するという交換限度を設ける。

車両の使用条件によって走行距離あたりの摩耗量が変化するので、鉄道事業者は過去の経験から、それぞれの部品の点検周期と検査限度を設定している。新線開業や新設計車投入の場合は、経験値を適用する場合もあるが、開業後1年間程度は、1〜3万km毎に摩耗量をチェックして、最適な周期と交換限度を設定することが望ましい。ただし、この期間に設計が不適切であったことによる異状の有無についてはチェックし、改良しなければならない。また、注意しなければならないのは、地上設備と車両部品の関係も時間の経過によって変化することである。最初は摩耗量が大きくても、設備が馴染んでくれば摩耗量も安定してくる。なお、ブレーキディスクについては、最新の技術では十数年間交換しなくてもよい長寿命のものも実用化されている。

冷房装置のフィルタ交換や清掃は、サービス水準にも関連するので、清掃・整備の一環として保守プログラムに組み込むことも考えられる。

表9-1の検査周期は、長い経験から得られたものであり、これをそのまま海外の鉄道に適用できるか否かは、使用条件の違いを考慮して判断すべきである。

(4) 定期検査

車両の安全を担保するため、定期的な検査を行い、その結果を記録しておくことが必要である。万一旅客の死傷や重大事故発生の場合に、予防措置を適切に講じていたことを証明し、事故原因の調査に資するためにも記録は重要といえる。

定期検査を行うもう一つの目的は、作業の計画性を高めることにある。消耗品交換や修繕を発生の都度行うようにすると、どのような作業が何時発生するかの予測が困難になり、作業が集中し、要員確保や部品補給が追いつかずに、保守作業待ちで使用不能になる車

両が増加する。このようになると、営業列車の運行そのものにも影響を及ぼす。海外案件でよく見受けられるパターンである。作業の計画性が高まれば、設備、要員の有効使用、円滑な部品補給が可能になる。計画性は保守費の確保にも寄与する。逆に言えば、保守費が確保できなければ、如何に立派な計画であっても実行不可能となる。

　定期検査を頻繁に行えば、車両の信頼性は向上するかもしれないが、営業列車に使用する車両の割合が少なく、すなわちアベイラビリティが下がるとともに、保守費の上昇を招き、鉄道経営上好ましくない。

　以上のことから、検査周期と検査内容を適切に設定する必要がある。

(5)　臨時検査

　定期検査とは別に、故障が発生したとき、車輪に損傷が発見されたときなどの、当該箇所の修復作業が必要となる。これを臨時検査という。

　臨時検査で比較的多いのは車輪踏面の損傷であり、フラットまたはスキッドという。発生原因は様々だが、雨や落ち葉などでレールと車輪の摩擦係数が下がっているときに、強いブレーキをかけたときに発生するケースが多い。一定以上の大きさのフラットが発生すれば、それを取り除くために車輪を旋盤または転削盤で削正する。最新の車両では空転滑走検知装置を設けて、車輪がロックして滑り出す前にブレーキ力を弱めて滑走を防ぐようになっている。この他に、車輪が摩耗して正規の形状から大きく変化した場合にも削正が必要になる。

　車輪削正が集中すると、車両の稼働率を下げることとなるので、計画転削として、一定の走行距離毎に削正することも行われている。

(6)　更新修繕

　鋼製車体のときは、腐食により車体各部の劣化が進むので、新造後12～20年に車体の大修繕、配線、配管の更新を行うケースが多い。

車輪転削盤。摩耗あるいはフラットの発生した車輪を車両に取り付けたままで、床下の旋盤で削正し、正規の踏面に戻す。

更新修繕を行わずに20年程度で廃車とし、新車を投入する鉄道事業者もあり、更新修繕を行うか否かはそれぞれの経営方針による。注意しなければならないのは、車体のみの更新修繕は性能向上ではなく、保守費削減効果も多くは望めない。

カム軸制御、直流電動機の車両では、電機品は修理を繰り返すことにより長く使うことができ、車体を新造して電機品や台車を再用することも行われていた。このように電機品の寿命は車体よりも長い[*5]のが一般的であったので、更新修繕によって車両全体の寿命を延ばすことに意味があった。しかし、ステンレスやアルミニウム車体では、車体の劣化の進行が遅いので、車体修繕よりも内装更新によるサービス向上に重きをおいた更新修繕が行われるようになった。さらに、VVVFインバーター制御交流電動機駆動の普及によっ

[*5] 厳密にいうと、電機品の寿命も20年前後であるが、修繕によって機能を回復できるので、長期間使用可能である。

て、更新修繕の位置づけが変わってきた。性能向上や省エネルギーのために直流電動機駆動電機品のインバーター制御交流電動機駆動へのシステムチェンジや、インバーター内の制御基板交換が更新修繕の主な内容となり、内装更新や新たなサービス機器追加によるサービス向上をねらいとしている。

冷房装置についても、冷凍回路の更新や機器そのものの交換も更新修繕とほぼ同じ時期に行われる。

更新修繕とするか、新車を投入するかは、直接工事費のほかに、動力費、保守費も含めたトータルコストを比較して判断することになる。日本国内においては、新車の価格が低下したことから、更新修繕よりも新車の導入を選ぶケースが増えている。

9.2.4 車種別の保守の特徴（クリティカルな要素）

通勤電車は最高速度80ないし130km/hであり、1日当たり300〜600km走行する。都市鉄道の場合、駅と駅の間隔が1km程度で、頻繁に加速、減速を繰り返し、平均速度が30〜40km/hであり、ピーク時間帯を除けば、列車本数も少なくなるので、1日当たり走行距離も300km程度となる。JRの東海道線や東北線のような郊外鉄道は、駅と駅の間隔が2〜4km、最高速度も120km/hであり、路線長が長いこともあって、1日当たり600km程度走行するものもある。

通勤電車では、頻繁に加速、減速を繰り返し、走行線区も急曲線が多いので、車輪のフランジ部分の摩耗、フラットの発生頻度が多くなる。同時にブレーキシューやブレーキパッドの摩耗も大きくなる。駅と駅の間隔が短いことから、ドアの動作頻度も高く、トラブルも多い。冷房装置もドアを開閉するたびに外気との交換がなされるので、負荷が大きくなる。

以上の使用条件を考慮して、表9−1または表9−2の検査体系が作られている。

9.2.5　海外へ適用するための課題

　車両輸出と合わせて、保守体系の提案、場合によっては車両保守の受注も行うことになる。しかしながら、日本の保守体系をそのまま適用できるケースは少なく、使用線区の状態、車両の使用条件に合わせて、修正する必要がある。また、現地で既に採用されている車両の検査体系も考慮する必要がある。

　現地で車両保守にどのようなリソースが使えるか、設備、保守作業員の質、アウトソーシングの可能性などを考慮して、保守体系、体制を提案する必要がある。

　現地の人材を前提とした保守管理体制の構築、現地語での保守マニュアル作成、教育・訓練および評価が必要となる。日本ではマルチタスク、多能工化で一人の作業範囲を広げ、効率を追求することができるが、国によっては、職能階層が存在し、それぞれの階層の仕事が固定化している。そのため、1人で済むと思われる作業にも複数必要となることがある。日本の工場では作業者が清掃するのが当たり前となっているが、清掃は別の階層の仕事となっている国もある。したがって、日本式を押し付けると摩擦を生じることもあり、保守基地の操業ができなくなるリスクがある。現地の管理職とともに、日本式と現地式との調和を図る努力が欠かせない。

9.3　車両保守に係わる新技術

9.3.1　モニタリングシステムと診断技術

　車両の駆動システム、制御システムが電子化されたことと並行して、機器のモニタリングシステムが採用され、モニタリングシステムには機器の自己診断機能も取り込まれるようになってきた。初期には、モニタリングシステムは個々の機器単位に留まり、車両全体を監視するまでには至っていなかった。車両および列車内の情報伝送がワイヤーから多重伝送システムに移行するとともに、個々の機器からの情報を集約し、車両全体の機器の常時監視を行う列車情報管理システムが広く採用されるようになってきた。同時に、機械部

品もセンサー技術の発達により監視できるようになった。

車両情報管理システムにより、従来乗務員が列車出発前に個々の計器、表示等あるいは目視で確認していた機器の状態をオンラインで監視できるようになり、仕業検査はモニタリングシステムの確認のみで足りるようになった。これを発展させ、常時監視している情報を無線で車両基地に送ることにより、車両の状態をオンラインで把握して、異状あるいは異状の兆候があれば、車両基地に入庫前に知ることができ、適切な検査、修繕作業を行うことができる。

車両設計に冗長系設計が積極的に取り入れられた結果、故障機器を開放して、残りの機器で列車運行を継続することもできるようになった。モニタリングシステムとあいまって、故障による列車運行への影響を小さくすることができる。車両の設計段階から、使用条件に合わせて、考慮されるべきである。

9.3.2 通信技術

通信技術の発達により、無線機器の小型化と合わせて、情報伝送量が増加した。これにより、上記の車両情報管理システムと通信機器を接続し、車両基地あるいは列車運行管理センターで車両状態の監視が行えるようになり、故障車両の把握と何時車両基地に取り込むかが判断できるようになった。日本では無人運転の車両に使用されているが、海外ではドイツの高速列車 ICE のように有人運転の車両にも使用している例がある。

9.3.3 パンタグラフすり板の長寿命化と摩耗管理

パンタグラフのすり板は電車線との接触あるいはアーク放電により摩耗する。従来は鉄あるいは銅系の金属すり板が多く用いられ、走行距離当たりの摩耗量も大きく、電車線も摩耗していたが、潤滑作用のあるカーボン系すり板採用により、すり板そのものの摩耗を減らし、電車線の寿命を長くすることができるようになった。

すり板は、仕業検査あるいは交番検査時に摩耗量をチェックし、

摩耗限度に達すれば交換する。JR東日本では、仕業検査を車両情報管理システムで行うようにしたので、車両基地入場時にすり板をカメラで監視し、画像処理により、摩耗量を測定する試みも行われている。このシステムは高価であり、使いこなすまでに多くのデータ収集が必要となるので、海外案件では従来のように人間による摩耗量チェックが望ましいと言える。

9.3.4 車輪摩耗管理

　レール車輪間の研究が進み、曲線半径、速度などの線区の使用条件に対応した車輪踏面形状の開発、レール車輪間の潤滑により、車輪の摩耗量は減少している。同時に、制御技術の進歩によるフラット発生の機会も少なくなっている。しかしながら、車輪の踏面の状態チェックは、車両の安全走行に欠かせない。特に車輪のフラットは、騒音の原因でもあるので、早期に検知し、車輪削正などの対策をとる必要がある。このため、車両基地や最寄駅などに音響あるいは振動センサーを設けて、営業列車のフラット発生を検知し、列車運行管理センターにアラームを出すシステムも実用化されている。

9.4　車両基地

9.4.1　車両基地の種類

　車両基地の役割は、車両の留置、検査および修繕を行うことである。それぞれの機能を統合するか、分離するかはそれぞれの線区の路線延長、車両数、取得可能な用地で判断される。

　路線長が長く、車両数が多い場合には、車両の留置のみを行う「留置線」あるいは留置と仕業検査を行う基地が設けられる。

　検査および修繕に関しては、仕業検査および交番検査を施行する車両基地、要部検査、全般検査および修繕を施行する工場の2つが設けられる。車両基地と工場を一体化したものもある。既存設備、検査の業務量、設備容量、要員数を勘案して、それぞれの機能を分離するか、一体化するかが判断される。既存の工場が利用できる場

留置線

合には、工場機能を省略することもできる。

　JR東日本の通勤電車の例では、各線ごとに設けた浦和、豊田等の車両基地で仕業検査、交番検査を施行し、要部検査および全般検査は東京総合車両所で施行している。

　このように、重装備の工場はなるべく集約し、列車運行に密接に係わる検査機能は線ごとに分散している。しかしながら、新線建設で、全ての機能をその線内で完結する必要のある場合は、車両基地と工場を一体化したものを建設することとなる。

9.4.2　車両基地設備

　仕業検査、交番検査、要部検査、全般検査および留置線などの機能を総合した車両基地レイアウトの例を図9-1に示す。

　検査別に必要となる設備の概略を述べる。

(1)　仕業検査

　列車編成を留置し、床下および屋根上の点検、車内へのアクセスが可能な設備を設ける。具体的には、ピット線、車両床面レベルの

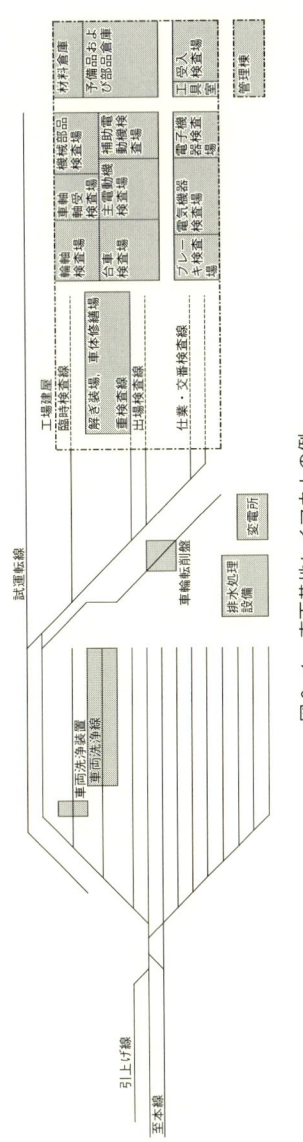

第9章 車両保守と車両基地　211

図9-1 車両基地レイアウトの例

仕業・交番検査設備、この例では室内機器搬入のため、足場に長いスロープを設けている。

作業足場、屋根上点検用作業足場、照明設備、試験機器(車両情報管理システムで代用可)を設ける。この場合、屋根上点検足場は落下防止と感電防止対策が必須となる。

(2) 交番検査

仕業検査とほぼ同様の設備であり、共用可能である。ピット線および屋根上点検用足場ではパンタグラフ、冷房装置、消耗品交換等の作業が発生するので、クレーン等の荷役機器を設ける。荷役機器と電車線の干渉が避けられないので、荷役機器作動中は電車線を軌道中心から外側に移動させる移動架線を設けることもある。しかし、移動架線のコストは無視できないので、屋根上機器の交換を伴う作業は、電車線のない線路に車両を移動して行う方法もある。

(3) 要部検査

要部検査の作業フローの例を図9-2に示す。

入場検査と出場検査は検査線で行い、その他の作業は作業線で行う。

図 9-2 要部検査の作業フロー

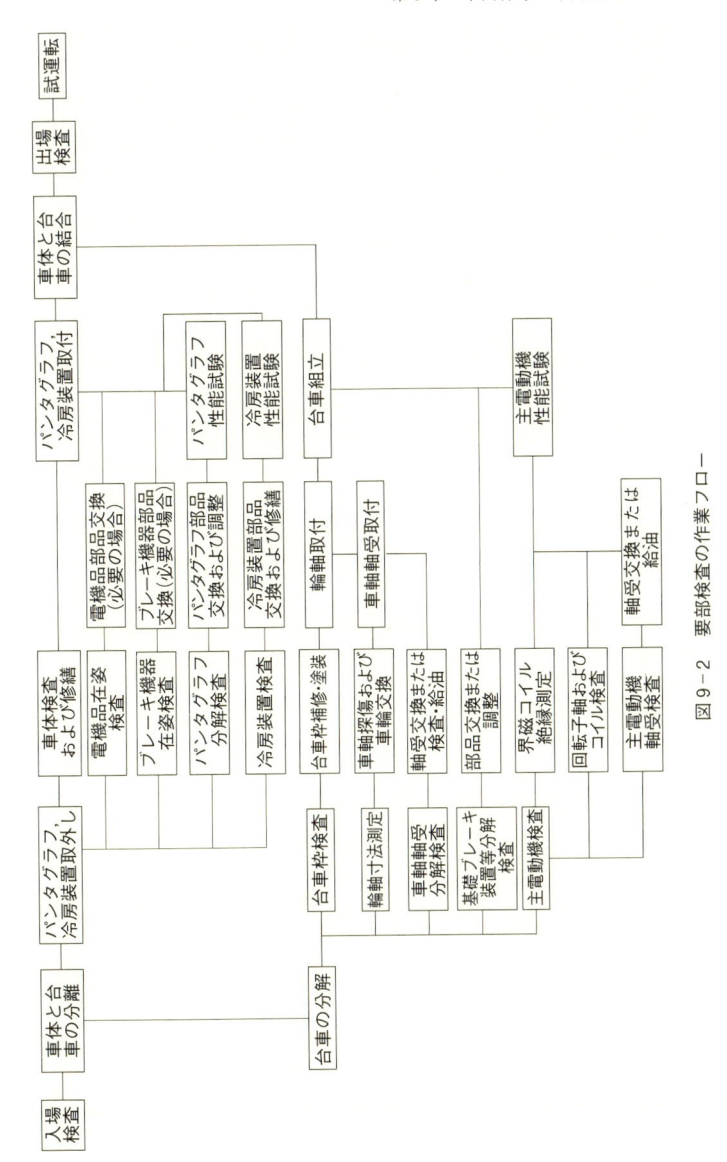

天井クレーンによる車体と台車の分離、天井クレーンで車体を持ち上げ、台車と分離し、車体は艤装場あるいは車体修繕場に移動する。台車は台車検査場に送られ、主電動機、輪軸、台車枠などに分解され、それぞれの検査場で検査される。

　作業線は、車体と台車の分離、車体と台車の結合を行うため、電車線のないスペースに、リフティングジャッキあるいは天井クレーンを設ける。リフティングジャッキの場合には、編成ごとにまとめて持ち上げ、台車の検査終了まで、車体に取り付けたままの機器をその場で点検するようにしているものもある。天井クレーンの場合には、持ち上げた車体を別の場所に仮置きし、機器の点検を行い、台車の検査終了後、車体と台車を天井クレーンで結合する。

　台車は別に設けた検査ラインで検査する。解体、洗浄、台車枠検査、主電動機検査、ブレーキ装置検査、軸受検査、車輪削正あるいは交換、車輪交換の場合は車軸探傷、台車組立、検査といった一連の作業を行う。検査数量が少なければ、全般検査の検査ラインと共用することもある。

　要部検査で取り外す機器は、台車、パンタグラフ、冷房装置、空気圧縮機、ブレーキ装置、ATS/ATC装置であり、検査日数を少な

解ぎ装場、屋根上機器や床下機器は天井クレーンとリフターなどにより車体から取り外され、それぞれの検査場に送られる。最新の機器は耐久性が向上し、機械的摩耗部品が少なくなったので、車体に取り付けたままでの検査も増えている。

くするため、予備品を循環して使用する場合もある。しかし、編成数が数十本と少なければ、後述の全般検査と合わせて1編成当たりの検査日数を1月ないし1.5月として常時1編成が検査を行うように検査業務を均等にして、作業員の業務量を平準化して、作業員総数を少なくするとともに予備品を少なくすることも行われる。

検査線は、要部検査後の機能、性能検査を行うための線であり、全般検査のための検査線と共用する。基本的には仕業検査線と同様の設備に試験、検査機器を設けている。車輪に加わる重量、「輪重」の測定機器も設ける。輪重のアンバランスが脱線の原因になるため、輪重測定は必須といえる。

車両基地構内に設けた試運転線で、最終確認を行う。しかし、試運転線の長さが十分に取れない場合には、40km/h程度までの走行試験を基地内で行い、最高速度までの性能確認は本線で行う。

(4) 全般検査

リフティングジャッキによる車体と台車の分離：リフティングジャッキにより車体を持ち上げて、台車と分離する。写真の例では台車は車体に取り付けたまま床下機器の点検を行っている。

リフティングジャッキによる車体のこう上：リフティングジャッキにより車体と台車を持ち上げて、床下機器の点検を行う。

検査線は上記と同様であり、共用可能である。

作業線はリフティングジャッキあるいは天井クレーンで車体と台車の分離および結合を行う。車体は仮台車に載せて、工場内を移動し、機器の取り外し、車体各部の点検修理、車体の再塗装を行う。検査両数が少ない場合には、車体をリフティングジャッキの上に載せたままとする例もある。また、ステンレスやアルミニウム車体の場合には、無塗装として、再塗装の設備を不要としている。全般検査の作業フロー例を図9-3に示す。

上記作業フローに対応した工場内の主な設備と機能を表9-3に示す。

上記の他に、試運転線が必要であり、要部検査と同様、試運転線の長さが十分取れない場合には、本線での試運転で最高速度までの性能を確認する。

(5) 臨時検査あるいは重修繕

臨時検査および重修繕は、上記の全般検査設備と共用で使うこともあるが、踏切事故等の対応、初期不良の対策工事や、将来の更新を考慮して、臨時検査用にスペースを確保しておくことが望ましい。

(6) 車輪転削

車輪のフラット発生、フランジの直立摩耗の修正等に車輪踏面を削正する必要がある。その都度輪軸を取り外して工場内の車輪旋盤で削正することは非効率なので、車両数が多い場合には、車両に取り付けたまま、車輪転削盤あるいは在姿車輪旋盤で車輪を削正する。このため、専用の設備を設ける。一般的にはこの設備には電車線を設けない。車輪削正の場合、電車線から車体を経由した電流が設備の故障につながる恐れがあるからである。

(7) 試運転線

要部検査あるいは全般検査後の性能確認のため、試運転線で試験を行う。試運転線は2km程度以上が望ましいが、用地の制約から数百メートルとなることもある。この場合、構内試運転線で最小限の試験を行い、あとは本線で試運転を行うことになる。

218

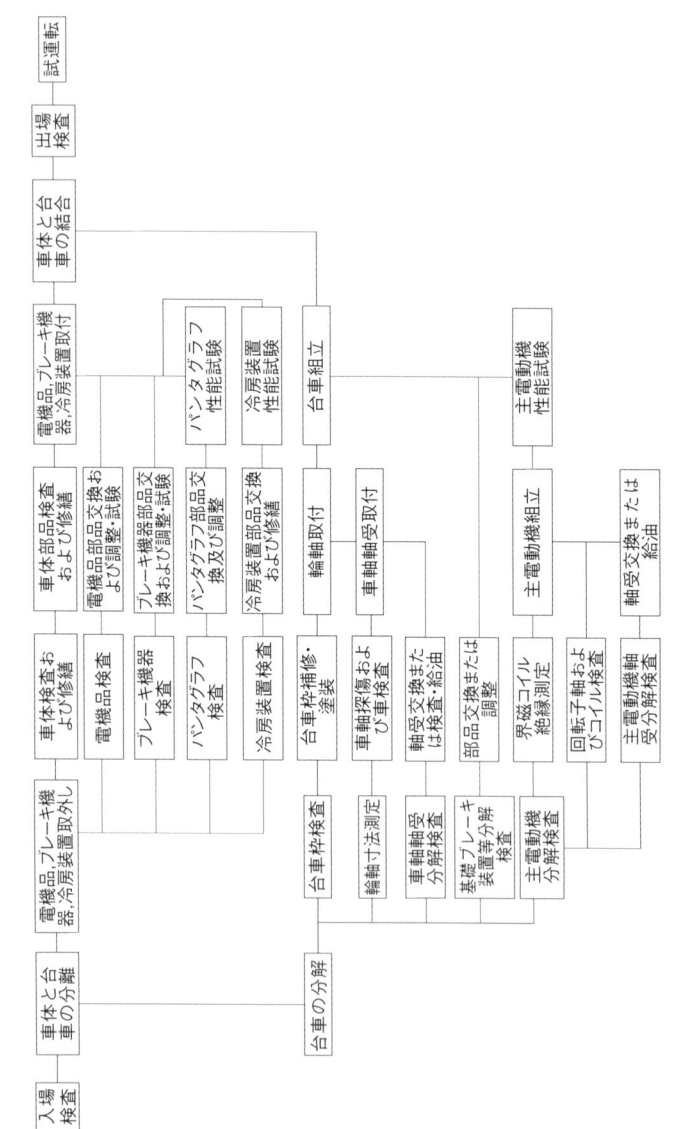

図9-3 全般検査の作業フロー

```
入場検査 → 車体と車の分離 → 電機品、冷房装置取外し → 車体検査および修繕 → 車体部品検査および修繕 → 電機品、ブレーキ機器、冷房装置取付 → 車体と車の結合 → 出場検査 → 試運転
                                                    ├ 電機品検査 ─ 電機品部品交換および調整 ─ 電機品部品交換および調整・試験
                                                    ├ ブレーキ機器検査 ─ ブレーキ機器部品交換および調整・試験
                                                    ├ パンタグラフ検査 ─ パンタグラフ部品交換及び調整 ─ パンタグラフ性能試験
                                                    └ 冷房装置検査 ─ 冷房装置部品交換および修繕 ─ 冷房装置性能試験

台車の分解 ─ 台車枠検査 ─ 台車枠補修・塗装 ─ 台車組立
          ├ 輪軸寸法測定 ─ 車軸探傷および車検査 ─ 輪軸取付
          ├ 車軸受分解検査 ─ 軸受交換または検査・給油 ─ 車軸受取付
          ├ 基礎ブレーキ装置等分解検査 ─ 部品交換または調整
          ├ 主電動機分解検査 ─ 界磁コイル絶縁測定 ─ 主電動機組立 ─ 主電動機性能試験
                            ├ 回転子軸および コイル検査
                            └ 主電動機軸受分解検査 ─ 軸受交換または給油
```

表9-3 工場内の設備と機能

検査場	主な作業
車体検査場	機器取り外し、車体・配管・配線検査、修繕、機器取り付け
車体塗装場(ステンレスやアルミニウム合金無塗装車は不要)	塗装剥離(省略することもある)、下地処理、乾燥、下塗り、乾燥、中塗り、乾燥、上塗り(必要に応じてマスキング)、乾燥
台車検査場	台車分解、洗浄、台車枠検査、ブレーキ部品検査、塗装、組立
輪軸検査場	軸受取り外し、車輪と車軸分離、車軸探傷、歯車装置検査および給油、車輪と車軸組立、車輪削正、軸受取り付け
車軸軸受検査場	洗浄、検査または交換、グリース再充填
主電動機検査場	主電動機分解、洗浄、軸受検査または交換、絶縁測定、塗装、組立、回転試験
ブレーキ機器検査場	解体、洗浄、検査、部品交換・調整、塗装、組立、試験
電気機器検査場	解体、洗浄、検査、部品交換、組立、試験
パンタグラフ等機械部品検査場	解体、洗浄、検査、部品交換、塗装、組立、試験
冷房装置検査場	解体、洗浄、検査、部品交換、組立、試験、冷凍回路交換
電子機器検査場	解体、洗浄、検査、部品交換、組立、試験

(8) 車体洗浄線

定期的に車体を洗浄する必要があり、洗浄機を設け、車両が自力走行で通過する間に車体を洗浄する。先頭部を洗浄する機械も実用化されているが、構造が複雑なので、仕業検査線や手洗い線で洗浄することもある。

(9) その他設備

車両基地および工場に付帯する設備として、事務所、福利厚生施設、駐車場、倉庫、排水処理、廃棄物保管庫等が設けられる。また、車両を基地に自動車で搬入して組み立てる場合には、そのためのスペースも必要となる。

台車検査場、台車の分解、組立を行う

出場検査線、要部検査あるいは全般検査終了後の機能、性能確認を行う。床下機器点検のためのピット、屋根上機器点検のための作業足場を設けている。

表9-4 車両基地設備容量計算の例

検査	周期	検査発生数	所要時間(想定)	単位容量	所要設備数
仕業検査	48時間	24本/日	1時間	24本/日*	1
交番検査	90日	0.53本/日	8時間	0.71本/日	1
要部検査	48ヵ月	0.5本/月**	10日間	2本/月	1
全般検査	96ヵ月	0.5本/月	25日間	1本/月	1
臨時検査		1本/月***	5日間	5本/月	1
車輪転削			1時間/軸	1時間/軸	1
車体洗浄	3日間	16本/日	0.5時間	48本/日	1

*8時間3交代勤務で計算、その他の検査は1日8時間、週5日勤務で計算
**全般検査と要部検査が交互に発生するので、実際の発生周期は96ヵ月
***月に1件と想定

9.4.3 車両基地の能力

車両の検査周期および検査に要する時間に対応して、上記各設備の容量を計画する必要がある。例えば、48編成の車両がある場合、各検査の設備能力の計算は表9-4に示すようになる。

仕業検査は48時間毎に行うので、1日当たり24編成検査する必要がある。一方、検査時間を1時間とし、8時間3交代勤務で作業する前提で、1つの検査線で1日当たり24本の検査が可能であることから、検査線は1本でよいことになる。しかしながら、全く余裕がないのでは、朝のラッシュ時でも検査しなければならなくなり、車両の使用に制約を受ける。このため、後述の交番検査線と合わせて設備容量に余裕をもたせることが望ましい。

交番検査は90日毎に行うので、1日当たり0.53本の検査が必要となる。一方、週5日、8時間の作業を想定すれば、交番検査線の検査能力は、261÷365で0.71本となる。0.71≥0.53なので、交番検査線は1本でよいことになる。

同様の計算を要部検査、全般検査等で行い、必要な設備容量を策定する。

同時に、個々の検査の作業量の見積と検査数から、作業者の数を査定する。もちろん、現地の作業者の熟練度、能率も考慮して、要員数を策定する必要がある。

9.5 予備車および予備品

前段の説明で使用したのと同数の編成の車両がある中で予備車をどれだけ用意するかが課題となる。少なければ少ないほどよいが、前項に述べたように、清掃や保守のための不稼働が発生する。清掃、仕業検査および交番検査は、ピーク時間帯を避けた時間帯に計画することができるので、そのための予備車は不要となる。要部検査および全般検査は検査時間が長いので、そのために検査予備が必要となる。前項の例では、要部検査に1編成、全般検査に1編成、合わせて2編成が検査予備となる。この他に、突発的なトラブル対応として最小限1編成の待機予備が必要となる。

要部検査や全般検査を予備品振替方式として検査時間を短縮して予備車を少なくする方法もある。新幹線電車の台車検査は予備台車と振り返ることで、検査時間をピーク時間帯の営業列車に影響を与えないようにしている。しかし、この方式は予備品を多くすることになるので、全体のコストを見たうえで、採用するか否かを判断することになる。全体の車両数が少ない場合には、予備品振替方式は予備品比率が大きくなるので、経済的とは言えない。むしろ、検査時間を長くして、予備品の数を少なくする方がメリットのある場合もある。多くの車種を抱えている鉄道では、検査時間を長くすることを選択している。

予備品は「繰り返し修繕して使うことのできる資産」と定義され、台車、主電動機、パンタグラフ、冷房装置等が該当する。一方、消耗品は、車輪、ブレーキシュー、パンタグラフすり板などの再生できないものであり、予備品とは区別して取り扱う。

予備品は、検査・修繕のための予備品、事故対応の予備品に分けられる。車両納入の際に、予備品として納入する際には、数量査定

根拠を求められることもあるので、その区分を明確にしておく必要がある。いずれにしても、資産であるので最小限の保有が望ましいといえる。

9.6　車両保守管理システム

車両保守管理システムとしては次のものが含まれる。
 (1)　車両履歴管理（検査記録を含む）
 (2)　車両走行距離管理（検査時期予測を含む）
 (3)　検査計画および在場管理
 (4)　予備品管理
 (5)　材料管理
 (6)　要員管理
 (7)　エネルギー管理
 (8)　基地設備保守管理
 (9)　経費管理
 (10)　故障統計

個々のシステムはパソコンベースでも、大型コンピュータベースでも構成可能であり、最終的には鉄道運営システムにつながることもある。ソフトウェアの保守をどのように行うかも課題となる。

9.7　日本の鉄道車両保守技術の展開

9.7.1　保守監理（現地化の課題）

車両あるいは鉄道システムの輸出に際し、保守も含めた契約にしてほしいとの要求がある。新興国あるいは発展途上国で、新たに都市鉄道を建設する場合には、その国の国鉄あるいはその都市自体に近代的な都市鉄道を運営した経験がなく、そのためのスタッフもノウハウもない。したがって、車両あるいはシステムを調達するのに合わせて、保守もしてほしいという要求が出るのは当然である。これまでの多くのプロジェクトでは、建設あるいは車両の納入までで終わり、その後のケアがなかった。これでは仏作って魂入れずで、

折角日本の技術を売り込むことに成功しても、期待通りに使われないことになる。ベトナム・ホーチミン都市鉄道建設プロジェクトでは、JICA の支援で開業後 5 年間の保守も融資の対象となった。このような仕組みが他の都市でも採用されることが期待される。そうでなくとも、欧州の都市鉄道などでは保守契約付車両調達が増えている。このように、ハードの納入に留まらず、運営保守も含めた日本の技術輸出が求められている。海外からの訪問者が驚くのは、清潔な駅と車両、時間どおりに頻繁に運行される列車である。この日本の鉄道技術の強みを積極的に売り込むべきだろう。

保守を契約ベースで実施する際に、業務範囲を明確に決める必要がある。

保守作業をまるごと受注し、故障率とアベイラビリティの目標値を与えられる場合には、故障とアベイラビリティの定義を相互に確認しておく必要がある。保守の責に帰するものと、そうでないものとの仕分けが重要になる。

保守業務のうち、監理のみを受注する場合には、作業組織は事業者または現地企業であり、どこまで責任を負うかを明確にする必要がある。技術資料の提供、技術的助言、作業者の教育・訓練等々があるが、往々にして最終的な保守品質まで要求されることもあるので、できないことは NO というべきであろう。

保守作業者および管理者は現地の人材を使うことになる。労働ビザおよびコストを考慮すれば、日本からの要員は最小限に留まり、職務指示書、作業マニュアル等のドキュメントが重要となる。職務指示書（Job Description）は日本ではあまり使われていないが、海外では一般的である。個々の職務に対し、何をすべきかを文書で明示しており、逆にそこに書かれていなければ、遂行の義務はない。職務指示書に必要な業務を漏れなく記載する必要があり、日本のように業務内容を柔軟に変えていくことはできない。作業マニュアルについても同様である。

現地の宗教を含む社会的背景についての理解も重要であり、それ

を無視すれば深刻なトラブルを招くこともある。

9.7.2 故障率とアベイラビリティ

車両の性能要求の一部として、故障率とアベイラビリティを要求されることもある。この要求を満たさない場合にはペナルティを課せられることもある。

故障率は平均故障間隔（MTBF）あるいは故障発生確率（年間何件）で規定され、故障としてカウントされるものの定義が重要でとなる。本線で30分以上の遅延を伴ったものか、些細なものまで含めるか、保守作業に起因するものを含めるかが議論となる。また、故障率の評価期間も重要であり、一般的には初期故障が少なくなった安定期で評価することが望ましい。初期故障は瑕疵修補で対応することとなる。

アベイラビリティは、保守期間を除く期間における、車両を使いたい時期に何時でも使える期間の割合で計算される。運用上で使わないのはアベイラビリティ100％としてカウントする。故障復旧の場合に、復旧内容の意思決定、部品調達等の期間を含めないようにすることも重要である。

故障率とアベイラビリティの詳細については、文献[*6]を参照されたい。

9.7.3 保守マニュアル

日本では保守を鉄道事業者が行うことが基本であり、保守要員の養成、訓練は鉄道事業者が長い時間をかけて行っている。したがって、作業マニュアル等についても、ある程度の熟練を前提とし、場合によってはOJTで補完している。しかし、現地要員を使うためには詳細なマニュアルが必要となり、識字率も考慮して図や写真も併用する必要がある。これは現地のエンジニアとの共同作業となる

＊6　実践鉄道RAMS、溝口正仁・佐藤芳彦監修、2006年5月、成山堂書店

が、保守作業のポイントについて議論を通じて的確に伝える必要がある。これは日本人技術者の不得手な分野であるが、避けては通れない。

9.7.4 保守用資器材管理

保守用資器材については、計画段階から数量、予算枠を詰めておくべきである。国によっては外貨予算に制約があり、部品の輸入ができなくなって、保守そのものができなくなることもある。リスクを軽減するため、部品の現地化や現地に部品供給センターを設けるなどの対策が必要となる。さらに言えば、設計寿命の期間の保守契約を結んで、その間の部品供給を予算面でも確実にすることが望ましい。短期の保守契約では、鉄道事業の収支状況によって、保守費のカットという事態も想定され、途中で部品切れ、あるいは価格の安いサードパーティ品使用となって、初期の性能を維持できない可能性もある。

資器材管理のもう一つの課題は、盗難対策である。従業員、外部からの侵入者、いずれにも気を配らなければならない。盗難被害はプロジェクトの進行そのものにも影響を与える。

第10章　鉄道施設の保守と保守用設備

10.1　鉄道施設の保守体系

　国土交通省令の第90条に鉄道施設および車両の検査について、次のように定めている。

　第90条　施設及び車両の定期検査は、その種類、構造その他使用の状況に応じ、検査の周期、対象とする部位及び方法を定めて行わなければならない。

　第90条　2 前項の定期検査に関する事項は、国土交通大臣が告示で定めたときは、これに従って行わなければならない。

　しかし、これだけでは具体的な検査周期や検査対象が分からないので、省令の解釈基準第9章に具体的な指針を示しており、それらを抜粋したものを表10-1に示す。車両の保守については前章に述べた。

　解釈基準のなかでは「基本期間はやむを得ない事情により変更できる」、「設備の性格および他の条件により検査期間を短くすることができる」および「詳細な検査、分析および見積（以下「検査」という）は第1項に加えて行われる場合、施設（軌道、トンネル、土構造および関連する構造物を除く）が「検査」等で十分な耐久性を有することが認められた場合には、定期検査周期は耐久性を損なうことのない範囲で基本検査周期を超えることができる」が規定されている。また、第2条の4で「トンネルについて、第1項の定期検査に加え、20年ごとに詳細な検査を行わなければならない」としている。

　また、第91条に「第88条及び前条の規定により施設又は車両の検査並びに施設又は車両の改築、改造、修理又は修繕を行ったときは、その記録を作成し、これを保存しなければならない」として、記録作成と保管義務を課している。

　以上の省令および解釈基準は最低限の要求事項であり、鉄道施設

表10-1 定期検査周期

分類	検査対象	基本検査周期	許容範囲
軌道		1年以内	1カ月
土木構造物	橋りょう、トンネルおよびその他構造物	2年以内	1カ月
電気設備	電車線、列車運行の用に供する変圧器、機器および変電所変圧器、配電線等を異状時に保護する装置ならびに重要な電気機器	1年以内	1カ月
	補助機器の起動に使用する機器または装置、フィーダー、電車線等を支持する構造物	上記よりも延伸することができる	
列車防護システムおよび機器	閉塞を確保する機器、列車間隔を確保する装置、鉄道信号現示装置、信号等に連動する機器および装置、列車を自動的に減速あるいは停止させる機器および装置ならびに他の重要な列車防護システムおよび機器	1年以内	1カ月
	上記以外の列車防護システムおよび機器	2年以内	1カ月

を保守するためには、日常点検や大規模修繕も行わなければならない。請負者は日本の鉄道事業の経験と設計したシステムの構造、材質および使用条件を考慮して最適な保守システムを提案する必要がある。個々のシステム毎の保守について、以下に述べる。

10.2 軌道保守

　日常的に軌道の状態を点検する。点検周期は個々の対象物により変わるが、保守係員により、レール、レール継ぎ目、レール締結装置、まくらぎ、分岐器、伸縮ジョイント、断線防止ガード、道床、排水口等について、目視、触診や打診検査、必要に応じて計測を行

う。異状が発見されれば、増し締め、給油などの措置を現場で行い、大きな異状であれば、応急措置を行ったうえで、修繕計画を立てる。

日常活動の一環として、保守基地内にモデルレールを設置し、数時間毎に、天候、気温、レール表面温度を計測する。これはロングレールの張り出しやレール折損につながる異状を早期に予測するためである。

レール頭面形状の計測、レールの探傷、軌道の上下・左右変位、通り狂いの検査・測定などを検測車あるいは測定機器により定期的に行う。検査測定周期は列車の運転密度や曲線あるいは直線区間かによってきめ細かく決める必要がある。

沿線への騒音振動防止対策として、レール表面の波状摩耗（コルゲーション）やシェリングに対しては、発生の状態に応じてレール頭面削正を行う。急曲線区間における車輪とレールのきしり音対策として、車両側に車輪フランジ塗油器を設置するか、地上側に塗油器を設置する。油による土壌あるいは地下水汚染が問題になる場合には、潤滑剤として水を散布することもある。散水は左右レール間の電気抵抗を少なくし、信号システムに悪影響を及ぼすこともあるので、事前の検討が必要である。

レールや分岐器先端レールが摩耗した場合には交換となるが、軌道保守基地から予備レールを保守用車により現地に搬入し、交換作業を行う。

軌道保守に必要な機械や機器の主なものは次の通り。ここではバラスト軌道は車両基地構内のみとしている。

(1) 軌道検測車：レール頭面の形状、軌道の上下・左右変位、通り狂いの測定を行い、記録する。レールの探傷機能も含めるか、他の測定機器を購入するかは使用頻度を考慮して検討する。
(2) レール頭面削正車：レール頭面の波状摩耗やシェリングを削正する。
(3) 軌道モーターカー：レール、まくらぎ等の運搬用であり、後述のトレーラーと組み合わせて使用する。レールやまくらぎの積

クレーン付軌道用モーターカーの例：後ろに高所作業車が見える。

卸のためクレーンを搭載する。軌道モーターカーが1台であると、レールのような長ものの積卸をどのように行うかについて工夫する必要がある。
(4) トレーラー：保守用材料運搬用である。
(5) 道床突き固め用タイタンパー
(6) レール切断機（ガス切断機）
(7) レール溶接機

10.3 電力設備および配電線保守

　機器の状態はSCADAで常時監視しているが、物理的状態は日常点検で確認する。点検周期は個々の対象物により変わるが、保守係員により、送電線、変圧器、保護機器、配電線、送配線電支持装置およびガイシ、変電所建物、消火器および柵、水位などを目視、計測などを行い、必要に応じて機器の調整などを行う。

　定期検査では、絶縁測定、変圧器油の検査、機器の動作確認などを行う。検査対象機器および検査項目は請負者が、電力設備の構成、

機器の構造、使用条件などに対応して提案する。

変圧器などの交換を伴う大規模修繕に対しては、変電所内にそのためのスペースを確保する必要がある。列車の運行を止めることができないので、最初に設置した変圧器などの横に新たに変圧器等を設置して、完成後に切り換える方法が取られる。

10.4 電車線保守

日常的に電車線の状態を点検する。点検周期は個々の対象物により変わるが、保守係員により、電柱、電柱取付部、トロリー線、吊架線、吊り金具、剛体架線、フィーダー線、ガイシ、電車線支持装置、避雷器、接地線、張力調整装置等について、目視、触診や打診検査、必要に応じて計測を行う。異状が発見されれば、増し締め、調整などの措置を現場で行い、大きな異状であれば、応急措置を行ったうえで、修繕計画を立てる。

トロリー線の摩耗量測定、張力測定、波状摩耗の有無のチェックなどを定期的に行う。検測車を使用するか、高所作業車を使っての保守要員による検査・測定とするかは、保守業務量を勘案して決める。検測車の場合には、電車線用の専用検測車とするか、軌道用検測車に電車線検測の機能を付加するかは使用頻度を考慮して決める。軌道検測車も含め保守用機械メーカーではカタログ商品として供給しているので、使用条件に合ったものを選定する。

電車線保守に必要な機械や機器の主なものは次の通り。

(1) 電車線検測車：トロリー線の高さ、サグ（トロリー線左右移動量）、トロリー線摩耗を測定し、記録する。
(2) 高所作業車：電車線の保守作業に使用する。自走式か軌道モーターカーによる牽引とするかは、保守計画により決める。この他、沿線に竹または絶縁物製はしごを用意して、簡易な作業に用いることもある。

電柱の交換や電車線の張り替えなどの大規模修繕について、予め配慮する必要がある。電柱交換の場合には、既にあるものの隣に電

柱を建植して、古いものと新しいものとを切り換える。したがって、土木構造物に建設時から大規模修繕のための準備をしておく必要がある。そうでなければ、列車の運行を長期間止めなければならなくなる。

10.5　信号設備保守

　機器の状態監視は信号機器モニタリングシステムにより行うが、日常的に信号設備の状態を点検する。点検周期は個々の対象物により変わるが、保守係員により、信号機器室の機器、インピーダンスボンド、ケーブル、信号機、分岐器電動機、アンテナ等について、目視、触診や打診検査、必要に応じて計測を行う。異状が発見されれば、調整、機器交換などの措置を現場で行い、大きな異状であれば、応急措置を行ったうえで、修繕計画を立てる。

　定期検査の周期、方法については、表10-1を基本に詳細を請負者が提案し、発注者の同意を得る。信号システムは冗長系を基本としているので、故障発生時には故障系を他から切り離して動作を継続する。したがって、故障機器（機器ブロックまたはプリント板）を交換部品で取り換えて、システムを修復することが基本となる。交換部品をどのように保有するかが課題となる。交換部品そのものの修繕は、保守運営会社の設備および技術力では対応できないので、供給メーカーのサービス網を利用して行うことになる。請負者は予め、アフターサービスの内容、方法について、発注者と合意を得る必要がある。

　信号機器の取替のような大規模修繕に対し、信号機器室のスペースを確保しておく必要がある。ケーブルトラフなども新しいケーブルを既存のものと並行して敷設できるようにしておく。

10.6　通信設備保守

　機器の状態監視は通信機器モニタリングシステムにより行うが、日常的に通信設備の状態を点検する。点検周期は個々の対象物によ

り変わるが、保守係員により、通信機器室の機器、ケーブル、アンテナ、交換機等について、目視、触診、必要に応じて計測を行う。異状が発見されれば、調整、機器交換などの措置を現場で行い、大きな異状であれば、応急措置を行ったうえで、修繕計画を立てる。

　定期検査の周期、方法については、表10-1を基本に詳細を請負者が提案し、発注者の同意を得る。通信システムは冗長系を基本としているので、故障復旧および交換部品の考え方は信号システムと同様である。

　通信機器の取替のような大規模修繕に対し、通信機器室のスペースを確保しておく必要がある。ケーブルトラフなども新しいケーブルを既存のものと並行して敷設できるようにしておく。

10.7　その他設備保守

　表10-1に示す以外の機器の保守について国土交通省令には規定してないが、それぞれのシステム構成、冗長系設計、構造および材質に応じた検査周期、方法および交換部品の保有方について、請負者は詳細を提案し、発注者の合意を得る必要がある。ここで、注意しなければならないのは、現地の労働安全法や消防法に規定されたものについては、それに従う必要がある。

　駅に設置されるAFC、PSDなどについては、日常の点検・清掃を駅の係員が行うことを考慮して、保守体系を作る必要がある。

10.8　保守基地

　軌道保守用にレール、分岐器、まくらぎなど、電車線保守用に電線ドラム、剛体架線、電柱、ガイシなどを保管するスペースが必要である。また、軌道保守用に軌道検測車、軌道モーターカー、トレーラー、電車線保守用に検測車、高所作業車などの保守用車両および機械の留置ならびに保守のための設備が必要となる。そのため、車両基地内あるいは独立した場所に保守基地を設ける。また、保守作業が夜間に限定されることが多く、保守用車両の移動も問題とな

るので、沿線に保守用車両を一時留置するスペース（線路）を設ける必要がある。

　電線ドラム等は盗難の対象になりやすいので、保管に際してもセキュリティ対策が必要となる。鎖錠できる保管場所を確保するとともに、監視カメラの設置などが必須と考えられる。

第11章　安全認証

　受入れ検査（Commissioning）を終え、開業にこぎつけるが、公的機関による安全認証取得の問題が残っている。日本の法令では、国土交通省による完成検査を受けて、開業許可が下りる。ヨーロッパではヨーロッパ鉄道庁が、鉄道インフラ管理者あるいは車両リース会社などから提出された安全証明書類（セーフティケース）を審査して、安全証明を発行する。

　しかしながら、このような、法制度が整備されていない国では、誰がどのように安全認証を行うかが課題となる。ロイドやテュフのような認証機関による認証で公的機関の認証に代えることも考えられるが、その費用を誰がどのように支払うかも問題となる。相手国の政府の本来業務であり、それに対してODAの借款の範囲に含むのは筋違いとの意見もあって、相手国政府が支出することになる。しかしながら、ODA対象国政府の財政事情が厳しく、認証機関の要求する費用を予算化することは難しい。安全証明を受注者の責任に負わせることは、事故発生時の賠償責任まで含むことになりかねないので、保険でカバーするにしても、そのようなリスクまでを受注価格に含めることは非常に難しいと言わざるを得ない。また、鉄道は公共財であることを考慮すれば、政府の責任を免れるものではない。したがって、日本の法制度あるいはEUの法制度をベースとした安全認証の制度設計について、予め相手国政府とドナー側とで協議する必要がある。

参考資料1　鉄道市場拡大の背景

　鉄道は19世紀半ばに産業革命期の英国で発明され、それまでの馬車や水運に比べ飛躍的に高速大量輸送が可能となったことから、大陸ヨーロッパ、米国を始め各国で広く導入されるようになった。しかし、20世紀後半の航空機および自動車の発達により一時斜陽産業とみなされ、多くの国で路線の廃止が進められた。この傾向に歯止めをかけたのは1964年に開業した日本の東海道新幹線の成功であった。時速200km以上の高速列車を1時間2本以上の頻度で運行し、労働集約から設備産業として脱皮した鉄道は、都市間旅客輸送の新たなビジネスモデルとして、英国、フランス、ドイツ等の国々にも導入された。また、貨物鉄道については、米国がコンテナーの2段積輸送（ダブルスタックコンテナー、DSC）、列車の長大編成化、直行輸送方式導入等により、生産性を向上し、他の国の貨物輸送のビジネスモデルとなった。資源輸出国であるブラジル、オーストラリアや南アフリカでも高軸重、長大編成による貨物輸送の生産性向上が進められた。これらの技術革新から、鉄道が輸送機関として再評価された。また、温室効果ガス削減、都市空間の有効利用の側面からも、都市鉄道建設が促進されている。

1.1　主な国の経済成長

　主な国の経済成長について総務省統計局データ＊[1]から作成したものを表1-1および図1-1に示す。

　米国、日本、ドイツ、フランス、英国、イタリアおよびカナダの先進国の次に、中国、ブラジル、ロシアおよびインドのBRICs諸国が追い上げており、中国のGDPは日本を抜き、ブラジルはイタリアおよびカナダを抜いている。BRICsの次のグループとして、

＊1　統計局ホームページ www.stat.go.jp

参考資料1 鉄道市場拡大の背景 237

表1-1 主な国の経済成長

百万 USD

	1985	1990	1995	2000	2005	2008	2009	2010
日本	1,383,381	3,082,736	5,348,827	4,730,102	4,578,144	4,860,796	5,044,388	5,503,527
米国	4,184,800	5,754,800	7,359,300	9,898,800	12,564,300	14,219,300	13,863,600	14,447,100
カナダ	355,708	582,735	590,500	724,914	1,133,757	1,502,678	1,337,577	1,577,040
英国	464,241	1,012,617	1,157,177	1,477,132	2,280,538	2,635,954	2,171,385	2,253,552
ドイツ	708,872	1,714,447	2,522,692	1,886,400	2,766,254	3,623,688	3,298,634	3,280,334
フランス	543,490	1,244,123	1,571,964	1,326,333	2,136,555	2,831,795	2,624,503	2,559,850
イタリア	435,686	1,133,465	1,126,077	1,097,343	1,777,694	2,296,498	2,111,157	2,051,290
ブラジル	187,426	402,137	768,951	644,729	882,044	1,653,353	1,593,018	2,088,966
ロシア	-	560,649	398,715	259,446	764,016	1,660,848	1,221,989	1,479,823
インド	226,460	326,796	369,240	467,788	837,299	1,283,209	1,353,215	1,722,328
中国	309,083	404,494	756,960	1,192,836	2,283,671	4,531,831	5,050,543	5,739,358
韓国	98,502	270,405	531,139	533,385	844,866	931,405	834,060	1,014,369
メキシコ	215,659	288,013	313,728	636,731	846,095	1,091,981	879,099	1,032,224
トルコ	90,379	202,546	227,607	266,560	482,986	730,325	614,570	734,440
インドネシア	95,960	125,720	222,082	165,021	285,869	510,229	539,356	707,448
フィリピン	34,052	49,095	82,121	81,026	103,072	174,195	168,335	199,591
イラン	74,522	91,036	110,304	104,016	205,586	366,295	352,420	386,670
エジプト	23,609	35,940	65,761	95,688	94,461	164,844	187,978	215,272
ナイジェリア	82,283	35,026	30,257	46,386	112,248	208,065	169,408	196,410
パキスタン	36,037	47,937	71,690	71,319	109,213	145,478	155,716	174,150
ベトナム	4,776	6,472	20,736	31,173	52,917	91,094	97,180	103,902
バングラデシュ	19,169	28,137	37,866	45,470	57,628	79,568	89,050	99,689

図1-1　主な国の経済成長

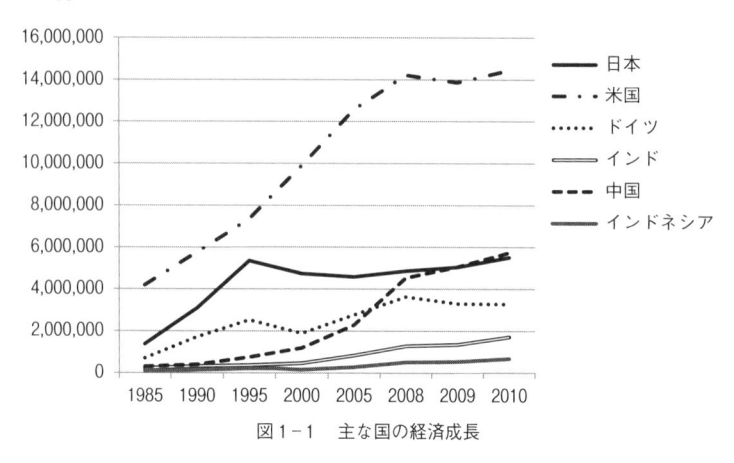

韓国、メキシコ、トルコ、インドネシア、フィリピン、イラン、エジプト、ナイジェリア、パキスタン、ベトナムおよびバングラデシュのNEXT 11の国々が存在感を増している。NEXT 11は人口規模、経済成長率から、将来の経済大国となるポテンシャルを有している。ここに既に経済発展を遂げた韓国が入っているのは奇異な感じを与えるかもしれない。韓国の現在の人口は5千万人であり、経済規模はメキシコに及ばないが、将来の北朝鮮統合があれば、人口規模も7千万人以上となり、経済大国の仲間入りをする可能性がある。経済規模が大きくなれば、旅客や貨物の輸送需要も増えることが見込まれる。

1.2　世界の鉄道市場

世界の鉄道市場の規模をみるため、国際鉄道連盟(Union International des Chemins de Fer, UIC)の2010年統計[*2]では、地域別の貨物、旅客輸送量は表1-2に示すようになっている。

[*2]　国際鉄道連盟(UIC)ホームページ http://uic.org

表 1-2　地域別貨物・旅客輸送量（2010年）―UIC 鉄道統計

地域	貨物		旅客	
	輸送量10億トン km	シェア　%	輸送量　10億人 km	シェア　%
ヨーロッパ	327	3.5	415	11.1
ロシア	2,011	21.7	124	3.3
北米	2,791	30.1	9	0.2
アジア大洋州	3,462	37.3	2,078	55.5
アフリカ	139	1.5	62	1.7
計	9,281	100	3,741	100
日本（参考）	20		393	

1.2.1　世界の交通地図

　G7、BRICs および NEXT 11の一人当たり国内総生産、鉄道輸送量、航空輸送量および自動車保有台数（千人当たり）を統計局資料から作成したものを表1-3に示す。

　G7諸国は、一人当たり国内総生産が3万5千ドル以上であり、自動車保有台数も千人当たり500台を超えている。一方、鉄道輸送量に関しては、日本、ドイツ、フランス、英国およびイタリアの旅客輸送量が大きいのに対し、米国とカナダは極端に少なくなっている。これは人口密度が低いこともあるが、生活様式が航空機と自動車を主体としたものになっていることを示している。一方、貨物輸送量は、米国およびカナダが大きく、国内物流の太宗を鉄道に依存している。日本は、海運および自動車の占める割合が高く、鉄道は少なくなっている。

　G7諸国では、温室効果ガス削減、都市空間の有効活用の観点から、貨物鉄道、都市間旅客鉄道、都市圏鉄道の整備が進められている。

　BRICs 諸国は、ブラジルおよびロシアの GDP が1万ドルを超えているものの、中国およびインドは低い水準に留まっている。これに対応して、自動車保有台数は、ブラジル、ロシアの200台に比べ、

50台以下となっており、自動車交通が成熟していないことを示している。同じく航空輸送についても、未発達と言えよう。鉄道の貨物輸送量に関しては、ロシアが米国とカナダを上回る量を示しており、中国が2兆トンkmとヨーロッパ諸国よりも上回っている。旅客輸送量については、統計のないブラジルを除き、ほぼG7諸国（米国とカナダを除く）と同じ水準となっている。しかしながら、航空機、自動車交通が未発達であることを考慮すれば、鉄道整備によって、貨物、旅客ともに今後の増加が予想できる。あるいは、輸送需要に答えるような交通インフラの整備がなされなければ、経済成長の足を引っ張ることになる。

NEXT 11は国毎に差があり、一つに括ることはできない。しかし、メキシコおよび韓国を除いて、鉄道、航空機、自動車ともに未発達であるといえる。別の言い方をすれば、経済成長に伴って、輸送需要が増えることが予想され、鉄道の整備をしなければ、その大部分は自動車と航空機によって担わなければならなくなる。

1.2.2　市場規模の想定

前節で述べたように、鉄道へのニーズは高まることはあっても、減ることはない。ヨーロッパ鉄道産業連盟（Union International des Industries Ferrovierre, UNIFE）が鉄道ビジネスの需要予測を行っている[*3]。これによれば、2011-2013年の年平均需要は総額約1,500億ユーロ（21.9兆円、1ユーロ＝146円で換算、以下同じ）であり、2009-2011年の平均よりも1.5％増加し、2017—2019年までに年率2.7％の成長が見込まれ、1,760億ユーロ（25.7兆円）の市場規模となると見込んでいる。

上記予測における2011-2013年の需要の内訳は、
　　列車運行および保守サービス　　583億ユーロ
　　車両　　　　　　　　　　　　　479億ユーロ

＊3　ヨーロッパ鉄道産業連盟ホームページ http://unife.org

参考資料1　鉄道市場拡大の背景　241

表1-3　主な国の一人当たり経済指標

	国名	国内総生産	鉄道輸送量 旅客（人-km）	鉄道輸送量 貨物（t-km）	航空輸送量 旅客（人-km）	航空輸送量 貨物（t-km）	自動車保有台数（台/千人）
G7	日本	42,993	3,073	159	479	43	576
	米国	46,793	31	7,874	2,769	303	802
	カナダ	49,886	92	8,170	1,467	157	607
	英国	38,333	875	213	141	11	523
	ドイツ	39,766	931	1,139	109	10	564
	フランス	41,691	1,428	431	206	30	598
	イタリア	35,918	798	278	148	15	672
BRICs	ブラジル	10,961	-	1,405	280	26	209
	ロシア	10,194	1,057	12,849	322	33	271
	インド	1,423	692	456	35	3	18
	中国	4,618	642	2,031	239	24	47
N-11	韓国	21,455	662	196	106	10	355
	メキシコ	10,194	1,057	12,849	322	33	271
	トルコ	10,269	75	135	124	11	142
	インドネシア	2,977	60	18	97	9	79
	フィリピン	2,253	0	0	50	5	33
	イラン	5,485	217	291	104	9	128
	エジプト	2,957	561	53	6	1	45
	ナイジェリア	1,399	1	1	7	1	-
	パキスタン	1,334	189	47	14	1	13
	ベトナム	1,210	48	44	81	8	-
	バングラデシュ	802	45	7	0	0	3

総務省統計局データ

施設(土木、電力等)	296億ユーロ
列車制御	127億ユーロ
ターンキー契約監理	15億ユーロ

地域別では、大まかにヨーロッパ45％、北米23％、南米9％、アジア大洋州25％となっている。アジア大洋州には日本、中国、インドが含まれ、中国の需要が大きく、インドや東南アジアの成長率が高い。

1.3 鉄道分野別の最新動向

鉄道分野は大きく分けると、都市間旅客鉄道、都市鉄道、地方鉄道および貨物鉄道の4つに分けられる。それぞれの技術特性とプロジェクトの懐妊期間を考慮すると、都市鉄道が日本として緊急に取り組むべき分野と考えられる。

1.3.1 都市間鉄道

人口集積の大きい都市と都市を結ぶ都市間輸送は、かつては鉄道の独占であったが、航空機および自動車の発達により、鉄道は競争力を失い、航空機および高速道路が発達した。1964年の東海道新幹線開業により、高速旅客鉄道の役割が認識され、高速鉄道が整備されつつある。日本は東海道新幹線開業から50年以上経過して、鹿児島から青森までのルートが完成し、北陸新幹線長野、金沢間が2015年3月に開業し、新青森、新函館間が2016年3月開業を目途に建設が進められている。新幹線建設と並行して、空港整備、高速道路整備が行われているが、それぞれ独立して計画、建設されているため、相互の連携はない。

ヨーロッパは、EUの交通政策に沿って、高速鉄道網を主要都市間に整備している。同時に、空港と高速鉄道の一体整備、都心部と空港の接続改善によって、空港をハブ化するとともに、国内航空路線や近距離国際線を高速鉄道で代替させている。例えば、パリのシャルルドゴール空港に高速鉄道TGVの駅を建設し、ブリュッセ

ルやフランス国内主要都市への連絡は航空便をTGVで代替させている。

米国は、ワシントン、ニューヨークおよびボストンを結ぶ北東回廊に、在来線を改良して高速列車を運行している。その他に、オバマ大統領が提唱する前から高速鉄道建設計画がいくつか提案されたが、航空機と自動車に慣れた国民性から、いずれのプロジェクトも実現には至っていない。カリフォルニア高速鉄道も資金拠出のための州債発行の住民投票が可決され、一部ルートでの建設が進められているものの、資金確保に課題を抱えている。南米ブラジルでも高速鉄道計画があり、最初はサッカーワールドカップ、次はオリンピック開催時期までに開業するとの計画が公表されている。

東海道新幹線は1964年に開業し、年間1億4千万人以上が利用する大動脈となっている。有楽町

アジアでは、韓国および台湾が高速鉄道を開業し、中国が急速に路線網を拡大している。中国のケースは、在来線の客貨分離のため、高速旅客新線を建設して、在来線の貨物輸送力も向上する手法を採用している。インドはいくつかのルートが計画されているが、現段階では貨物専用線建設を進め、経済成長を促進し、在来線の貨物列車を少なくして旅客輸送力を向上するとのシナリオを採用し、高速鉄道はその次に位置付けされている。これも貨物専用線建設が遅れており、2014年5月の政権交代もあって、政策の変更もあり得る。

この他に、インドネシアやベトナム等で高速鉄道の計画があり、国民所得の上昇に伴って、計画の具体化が期待されている。

日本の高速鉄道技術の採用が見込まれるのは、米国およびアジアである。米国のカリフォルニア高速鉄道は建設が始まった段階であり、米国規格採用の可否も含めて検討が進められている。一方、インドネシアやベトナムは、建設計画はあるものの、沿線の人口や経済の集積が不十分であり、国家予算規模と高速鉄道建設費を考慮すれば、当面は都市鉄道の整備に重点を置くことになるであろうから、都市間高速鉄道実現までには未だ時間があると見込まれる。

1.3.2　都市鉄道

経済成長に伴う人口の都市集中、交通需要の増加はいずれの都市でも頭痛の種である。公共交通機関の発達していない都市では、道路整備を上回るペースで増加する自動車交通が深刻な渋滞を引き起こし、都市機能をマヒさせている。ヨーロッパのように公共交通機関が発達していても、限られた都市空間に道路や駐車場を整備することは難しくなっている。このため、自動車交通の抑制と空間利用効率の高い軌道系交通機関にシフトさせることが求められている。

1.3.3　地方鉄道

自動車の発達と地方の人口減により、鉄道としては既存のものの活用が主となり、新線建設の需要はほとんどない。

1.3.4　貨物鉄道

貨物鉄道は、鉱山鉄道のように資源搬出のために特化したものと、国内物流のためのものに大きく分けられる。

資源搬出のためのものは、鉱山、港湾と一体となって建設され、列車運行も鉱山の採掘工程あるいは港湾の積み出し日程に合わせて行われる。ノルウェー、オーストラリア、ブラジル、南アフリカ、中国やインドに例がある。如何に高い軸重とするか、列車編成長を

長くするかが課題であり、軸重は35-36t程度で、40tとすることも研究されている。列車編成長は1kmから4kmまで、牽引重量は1万〜4万tとなっている。生産性を上げるため、数両の機関車を無線操縦で制御し、乗務員を少なくしている。

国内物流のためのものは、米国、カナダ、ヨーロッパ諸国、中国、インド等に例があり、重量貨物やコンテナーの大量輸送を担っている。米国は貨物鉄道の吸収合併により、並行路線の廃止等を行って路線網を集約し、列車体系も再編し、中西部の構造物を改良してダブルスタックコンテナー（Double Stack Container、DSC）すなわちコンテナーの二段積の運行範囲を拡大することによって輸送効率を向上した。これらの施策により、米国貨物鉄道の収益性は高まった。

ヨーロッパ諸国はライン川等の内航水運、高速道路と鉄道が競合している。また、軸重が23tと米国よりも低く、列車長も600-800m程度であり、貨物輸送の生産性が高いとは言えない。従来の各国の国鉄による輸送では、国境を越える度に機関車交換、検査等を要し、時間とコストの面で道路輸送に太刀打ちできなかった。EU全体として温室効果ガス削減のため、港湾、道路および鉄道の結節点の改良を行い、モーダルシフトを推進した。鉄道による貨物輸送については、貨物輸送そのものの自由化を行い、国境を越えた企業の誕生を促した。これにより、鉄道貨物輸送が活性化している。

中国やインドは、貨物輸送能力の強化が経済成長につながるとの認識で貨物輸送力強化のための投資を行っている。特にインドは、内航水運に期待できないので、貨物専用鉄道建設は緊急の課題となっている。

ITは貨物輸送のトレーサビリティ実現のため、欧米、日本でコンテナー輸送を中心に導入されている。

貨物鉄道の規模で見れば、いずれの国も日本の貨物とは桁はずれであり、日本の技術導入の余地は少ない。例えば、日本は軸重16t、牽引重量1300tであり、軸重25ないし40t、牽引重量6,000〜40,000tに比べれば、取るに足らないものである。日本に期待されているの

は、機関車技術とITである。機関車の心臓部であるプロパルジョン（推進）システムは、日本のパワーエレクトロニクスが優位であり、中国や南アフリカに輸出されている。また、かつて輸出したインドやモロッコでの評価も高く、日本の機関車をほしがっている。JR貨物のコンテナー追跡システムも高い評価を得ている。地味であるが、高強度の耐摩耗レールも日本のシェアが高い分野である。

参考資料 2−1　鉄道関連　IEC 規格一覧表

日本鉄道車輌工業会資料および鉄道技術総合研究所資料から作成

No	IEC 規格番号	英語規格名称	日本語規格名称	整合化した JIS
1	IEC 60077−1 Edition 1.0 (1999−10)	Railway applications - Electric equipment for rolling stock - Part 1: General service conditions and general rules	鉄道分野—鉄道車両用電気品 第 1 部：一般使用条件及び一般規則	JIS E 5004−1:2006 鉄道車両—電気品— 第 1 部：一般使用条件及び一般規則
2	IEC 60077−2 Edition 1.0 (1999−03)	Railway applications - Electric equipment for rolling stock - Part 2: Electrotechnical components - General rules	鉄道分野—鉄道車両用電気品 第 2 部：開閉機器・制御機器 及びヒューズの一般規則	JIS E 5004−2:2006 鉄道車両—電気品— 第 2 部：開閉機器・制御機器 及びヒューズの一般規則
3	IEC 60077−3 Edition 1.0 (2001−12)	Railway applications - Electric equipment for rolling stock - Part 3: Electrotechnical components - Rules for d.c. circuit-breakers	鉄道分野—鉄道車両用電気品 第 3 部：直流遮断器の規則	JIS E 5004−3:2008 (仮) 鉄道車両—電気品— 第 3 部：直流遮断器
4	IEC 60077−4 Edition 1.0 (2003−02)	Railway applications - Electric equipment for rolling stock - Part 4: Electrotechnical components - Rules for AC circuit-breakers	鉄道分野—鉄道車両用電気品 第 4 部：交流遮断器の規則	JIS E 5004−4:2008 (仮) 鉄道車両—電気品— 第 4 部：交流遮断器
5	IEC 60077−5 Edition 1.0 (2003−07)	Railway applications - Electric equipment for rolling stock - Part 5: Electrotechnical components - Rules for HV fuses	鉄道分野—鉄道車両用電気品 第 5 部：高圧ヒューズの規則	JIS E 5004−5:2007 鉄道車両—電気品— 第 5 部：高圧ヒューズ
6	IEC 60310	Railway applications - Traction transformers and	鉄道分野—鉄道車両用主変圧	JIS E 5007:2005

No	IEC規格番号	英語規格名称	日本語規格名称	整合化したJIS
	Edition 3.0 (2004-02)	inductors on board rolling stock	器及びリアクトル	鉄道車両―主変圧器及びリアクトル、
7	IEC 60322 Edition 2.0 (2001-03)	Railway applications - Electric equipment for rolling stock - Rules for power resistors of open construction	鉄道分野―鉄道車両用電気品―開放形―電力用抵抗器の規則	JIS E 6401:2004 鉄道車両用抵抗器
8	IEC 60349-1 Consolidated Edition 1.1 (incl am 1) (2002-10)	Electric traction - Rotating electrical machines for rail and road vehicles - Part 1: Machines other than electronic convertor-fed alternating current motors	電気けん引―鉄道と道路車両用回転機―第1部：コンバータ給電交流電動機を除く回転機	JIS E 6101:2000 鉄道車両―直流主電動機 試験方法 JIS E 6601:1999 鉄道車両―補助回転機―試験方法
9	IEC 60349-1-am1 Edition 1.0 (2002-08)	Amendment 1 - Electric traction - Rotating electrical machines for rail and road vehicles - Part 1: Machines other than electronic convertor-fed alternating current motors	修正票1―鉄道と道路車両用回転機―第1部：コンバータ給電交流電動機を除く回転機	
10	IEC 60349-2 Edition 2.0 (2002-08)	Electric traction - Rotating electrical machines for rail and road vehicles - Part 2: Electronic convertor-fed alternating current motors	電気けん引―鉄道と道路車両用回転機―第2部：コンバータ給電交流電動機	JIS E 6102:2004 鉄道車両用交流主電動機
11	I E C／T S 60349-3 Edition 2.0 (2010-03)	Electric traction - Rotating electrical machines for rail and road vehicles - Part 3: Determination of the total losses of convertor-fed alternating current motors by summation of the component losses	電気けん引―鉄道と道路車両用回転機―第3部：コンバータを電源とする交流電動機の損失の決定法	

参考資料 2-1　鉄道関連　IEC 規格一覧表

12	IEC 60494-1 Edition 1.0 (2002-11)	Railway applications - Rolling stock - Pantographs - Characteristics and tests - Part 1: Pantographs for mainline vehicles	鉄道分野—鉄道車両—パンタグラフ—特性及び試験—第1部：幹線車両用パンタグラフ	JIS E 6302:2004 鉄道車両用パンタグラフ
13	IEC 60494-2 Edition 1.0 (2002-08)	Railway applications - Rolling stock - Pantographs - Characteristics and tests - Part 2: Pantographs for metros and light rail vehicles	鉄道分野—鉄道車両—パンタグラフ—特性及び試験—第2部：地下鉄車両用及びLRV用パンタグラフ	JIS E 6302:2004 鉄道車両用パンタグラフ
14	IEC 60571 Consolidated Edition 2.1(incl. am 1) (2006-12)	Electronic equipment used on rail vehicles	鉄道車両に使用される電子機器	JIS E 5006:2005 鉄道車両—電子機器
15	IEC 60571-am 1 Edition 2.0 (2006-04)	Amendment 1 - Electronic equipment used on rail vehicles	修正票1—鉄道車両に使用される電子機器	
16	IEC 60631 Edition 1.0 (1978-01)	Characteristics and tests for electrodynamic and electromagnetic braking systems	電気及び電磁ブレーキシステムの特性及び試験	
	IEC/TR 60638 Edition 1.0 (1979-01)	Criteria for assessing and coding of the commutation of rotating electrical machines for traction	主電動機の整流に関する評価及びコーディング	

No	IEC規格番号	英語規格名称	日本語規格名称	整合化したJIS
17	IEC 60850 Edition 3.0 (2007-02)	Railway applications - Supply voltages of traction systems	鉄道分野—電車線電圧	
18	IEC 60913 Edition 1.0 (1988-12)	Electric traction overhead lines	架空電車線	JIS E 2001:2002 電車線路用語
19	IEC 61133 Edition 2.0 (2006-10)	Railway applications - Rolling stock - Testing of rolling stock on completion of construction and before entry into service	鉄道分野—鉄道車両—営業投入前の完成車両の試験方法	JIS E 4022:1999 鉄道車両の防水試験方法 JIS E 4041:2008 鉄道車両—完成車両の試験通則
20	IEC 61287-1 Edition 2.0 (2005-09)	Railway applications - Power convertors installed on board rolling stock - Part 1 : Characteristics and test methods	鉄道分野—鉄道車両用コンバータ 第1部：特性及び試験方法	JIS E 5008:2008 鉄道車両—電力変換装置
21	IEC／TS 61287-2 Edition 1.0 (2001-10)	Power convertors installed on board railway rolling stock - Part 2: Additional technical information	鉄道車両用コンバータ 第2部：追加技術情報	
22	IEC 61373 Edition 2.0 (2010-05)	Railway applications - Rolling stock equipment - Shock and vibration tests	鉄道分野—鉄道車両用装置—衝撃及び振動試験	JIS E 4031：2008 鉄道車両用品—振動及び衝撃試験方法
23	IEC/TR 61374 Edition 1.0	Overvoltages in traction supply systems	電車線の過電圧	

参考資料2-1 鉄道関連 IEC規格一覧表　251

23	IEC 61375-1 Edition 2.0 (2007-04)	Electric railway equipment - Train bus - Part 1: Train communication network	電気鉄道用装置―列車バス―第1部：TCN（列車内情報制御伝送系）
24	IEC 61375-2 Edition 1.0 (2007-04)	Electric railway equipment - Train bus - Part 2: Train communication network conformance testing	電気鉄道用装置―列車バス―第2部：TCN（列車内情報制御伝送系）の適合試験
25	IEC 61377-1 Edition 1.0 (2006-02)	Railway applications - Rolling stock - Part 1: Combined testing of inverter-fed alternating current motors and their control system	鉄道分野―鉄道車両―第1部：電力変換装置と交流電動機の組合せ試験―インバータ方式	JIS E 5011-1:2008鉄道車両―電力変換装置及び交流電動機の組合せ試験―第1部：インバータ方式
26	IEC 61377-2 Edition 1.0 (2002-06)	Railway applications - Rolling stock - Combined testing - Part 2: Chopper-fed direct current traction motors and their control	鉄道分野―鉄道車両―組合せ試験―第2部：チョッパ制御装置と直流電動機の組合せ試験	
27	IEC 61377-3 Edition 1.0 (2002-09)	Railway applications - Rolling stock - Part 3: Combined testing of alternating current motors, fed by an indirect convertor, and their control system	鉄道分野―鉄道車両―第3部：電力変換装置と交流電動機の組合せ試験―コンバータ・インバータ方式（中間直流リンクあり）	JIS E 5011-2:2008鉄道車両―電力変換装置及び交流電動機の組合せ試験―第2部：コンバータ・インバータ方式（中間直流リンクあり）
28	IEC 61881 Edition 1.0 (1999-09)	Railway applications - Rolling stock equipment - Capacitors for power electronics	鉄道分野―鉄道車両用装置―パワーエレクトロニクス用コンデンサ	

(1997-04)

No	IEC規格番号	英語規格名称	日本語規格名称	整合化したJIS
29	IEC 61991 Edition 1.0 (2000-01)	Railway applications - Rolling stock - Protective provisions against electrical hazards	鉄道分野—鉄道車両—電気的危険性に関する防護通則	JIS E 5051:2008鉄道車両—電気的危険性に関する防護通則
30	IEC 61992-1 Edition 2.0 (2006-02)	Railway applications - Fixed installations - DC switchgear - Part 1 : General	鉄道分野—鉄道用地上設備—直流開閉装置—第1部：通則	
31	IEC 61992-2 Edition 2.0 (2006-02)	Railway applications - Fixed installations - DC switchgear - Part 2 : DC circuit-breakers	鉄道分野—鉄道用地上設備—直流開閉装置—第2部：直流遮断器	
32	IEC 61992-3 Edition 2.0 (2006-02)	Railway applications - Fixed installations - DC switchgear - Part 3 : Indoor d.c. disconnectors, switch-disconnectors and earthing switches	鉄道分野—鉄道用地上設備—直流開閉装置—第3部：屋内用直流断路器，切換開閉器及び接地開閉器	
33	IEC 61992-4 Edition 1.0 (2006-02)	Railway applications - Fixed installations - DC switchgear - Part 4: Outdoor d.c. disconnectors, switch-disconnectors and earthing switches	鉄道分野—鉄道用地上設備—直流開閉装置—第4部：屋外用直流断路器，切換開閉器及び接地開閉器	
34	IEC 61992-5 Edition 1.0 (2006-02)	Railway applications - Fixed installations - DC switchgear - Part 5 : Surge arresters and low-voltage limiters for specific use in d.c. systems	鉄道分野—鉄道用地上設備—直流開閉装置—第5部：直流方式用の避雷器及び低電圧リミタ	
35	IEC 61992-6	Railway applications - Fixed installations - DC	鉄道分野—鉄道用地上設備—	

参考資料2-1　鉄道関連　IEC規格一覧表　253

36	Edition 1.0 (2006-02)	switchgear - Part 6 : DC switchgear assemblies	直流開閉装置―第6部：直流開閉装置組立品
36	IEC 61992-7-1 Edition 1.0 (2006-02)	Railway applications - Fixed installations - DC switchgear - Part 7-1 : Measurement, control and protection devices for specific use in d.c. traction systems - Application guide	鉄道分野―鉄道用地上設備―直流開閉装置―第7-1部：直流方式用計測・制御及び保護装置―適用ガイド
37	IEC 61992-7-2 Edition 1.0 (2006-02)	Railway applications - Fixed installations - DC switchgear - Part 7-2 : Measurement, control and protection devices for specific use in d.c. traction systems - Isolating current transducers and other current measuring devices	鉄道分野―鉄道用地上設備―直流開閉装置―第7-2部：直流方式用計測・制御及び保護装置―絶縁変流器及びその他の電流測定装置
38	IEC 61992-7-3 Edition 1.0 (2006-02)	Railway applications - Fixed installations - DC switchgear - Part 7-3 : Measurement, control and protection devices for specific use in d.c. traction systems - Isolating voltage transducers and other voltage measuring devices	鉄道分野―鉄道用地上設備―直流開閉装置―第7-3部：直流方式用計測・制御及び保護装置―絶縁電圧変換器及びその他の電圧測定装置
39	IEC 62128-1 Edition 1.0 (2003-05)	Railway applications - Fixed installations - Part 1 : Protective provisions relating to electrical safety and earthing	鉄道分野―地上設備―第1部：電気的安全性及び接地保護規定
40	IEC 62128-2 Edition 1.0 (2003-02)	Railway applications - Fixed installations - Part 2 : Protective provisions against the effects of stray currents caused by d.c. traction systems	鉄道分野―地上設備―第2部：直流き電システムにおける漏洩電流の影響に対する保護規定
41	IEC 62236-1	Railway applications - Electromagnetic compatibility	鉄道分野―電磁両立性―第1

No	IEC 規格番号	英語規格名称	日本語規格名称	整合化した JIS
	Edition 2.0 (2008-12)	- Part 1 : General	部：総則	
42	IEC 62236-2 Edition 2.0 (2008-12)	Railway applications - Electromagnetic compatibility - Part 2 : Emission of the whole railway system to the outside world	鉄道分野—電磁両立性—第2部：鉄道システム全体から外界へのエミッション	
43	IEC 62236-3-1 Edition 2.0 (2008-12)	Railway applications - Electromagnetic compatibility - Part 3-1 : Rolling stock - Train and complete vehicle	鉄道分野—電磁両立性—第3-1部：鉄道車両—列車及び車両全体	
44	IEC 62236-3-2 Edition 2.0 (2008-12)	Railway applications - Electromagnetic compatibility - Part 3-2 : Rolling stock - Apparatus	鉄道分野—電磁両立性—第3-2部：鉄道車両—機器	
45	IEC 62236-4 Edition 2.0 (2008-12)	Railway applications - Electromagnetic compatibility - Part 4 : Emission and immunity of the signalling and telecommunications apparatus	鉄道分野—電磁両立性—第4部：信号・通信機器のエミッション及びイミュニティ	
46	IEC 62236-5 Edition 2.0 (2008-12)	Railway applications - Electromagnetic compatibility - Part 5 : Emission and immunity of fixed power supply installations and apparatus	鉄道分野—電磁両立性—第5部：地上電源設備及び機器のエミッション及びイミュニティ	
47	IEC 62267 Edition 1.0 (2009-07)	Railway applications - Automated Urban Guided Transport (AUGT) safety requirements	鉄道分野—自動運転旅客輸送システム—安全要求事項	

参考資料2-1 鉄道関連 IEC規格一覧表

48	IEC 62278 Edition 1.0 (2002-09)	Railway applications - Specification and demonstration of reliability, availability, maintainability and safety (RAMS)	鉄道分野、信頼性、アベイラビリティ、保全性、安全性の記述と論証 (RAMS)
49	IEC/TR 62278-3 Edition 1.0 (2010-04)	Railway applications - Specification and demonstration of reliability, availability, maintainability and safety (RAMS) - Part 3: Guide to the application of IEC 62278 for rolling stock RAM	
50	IEC 62279 Edition 1.0 (2002-09)	Railway applications - Communications, signalling and processing systems - Software for railway control and protection systems	鉄道分野―通信、信号操作シ ステム―鉄道管理、保護シス テム用ソフトウェア
51	IEC 62280-1 Edition 1.0 (2002-10)	Railway applications - Communication, signalling and processing systems - Part 1: Safety-related communication in closed transmission systems	鉄道分野―安全関連伝送― 第1部：閉鎖系
52	IEC 62280-2 Edition 1.0 (2002-10)	Railway applications - Communication, signalling and processing systems - Part 2: Safety-related communication in open transmission systems	鉄道分野―安全関連伝送― 第2部：開放系
53	IEC 62290-1 Edition 1.0 (2006-07)	Railway applications - Urban guided transport management and command/control systems - Part 1: System principles and fundamental concepts	鉄道分野―都市交通の制御体系―
54	IEC 62313 Edition 1.0 (2009-04)	Railway applications - Power supply and rolling stock - Technical criteria for the coordination between power supply (substation) and rolling stock	

No	IEC 規格番号	英語規格名称	日本語規格名称	整合化した JIS
55	IEC 62425 Edition 1.0 (2007-09)	Railway applications - Communication, signalling and processing systems - Safety related electronic systems for signalling	鉄道分野—通信・信号操作シ ステム— 信号用安全関連電子システム	
56	IEC 62427 Edition 1.0 (2007-09)	Railway applications - Compatibility between rolling stock and train detection systems	鉄道分野—車両と列車検知シ ステムの両立性	
57	IEC 62497-1 Edition 1.0 (2010-02)	Railway applications - Insulation coordination - Part 1: Basic requirements - Clearance and creepage distances for all electrical and electronic equipment		
58	IEC 62497-2 Edition 1.0 (2010-02)	Railway applications - Insulation coordination - Part 2: Over voltages and related protection		
59	IEC 62499 Edition 1.0 (2008-12)	Railway applications - Current collection systems - Pantographs, testing methods for carbon contact strips		
60	IEC 62505-1 Edition 1.0 (2009-03)	Railway applications - Fixed installations - Particular requirements for a.c. switchgear - Part 1: Single-phase circuit-breakers with Un above 1 kV		
61	IEC 62505-2 Edition 1.0 (2009-03)	Railway applications - Fixed installations - Particular requirements for a.c. switchgear - Part 2: Single-phase disconnectors, earthing switches and		

参考資料2-1 鉄道関連 IEC規格一覧表

			switches with Un above 1 kV	
62	IEC 62505-3-1 Edition 1.0 (2009-03)		Railway applications - Fixed installations - Particular requirements for a.c. switchgear - Part 3-1: Measurement, control and protection devices for specific use in a.c. traction systems - Application guide	
63	IEC 62505-3-2 Edition 1.0 (2009-03)		Railway applications - Fixed installations - Particular requirements for a.c. switchgear - Part 3-2: Measurement, control and protection devices for specific use in a.c. traction systems - Single-phase current transformers	
64	IEC 62505-3-3 Edition 1.0 (2009-03)		Railway applications - Fixed installations - Particular requirements for a.c. switchgear - Part 3-2: Measurement, control and protection devices for specific use in a.c. traction systems - Single-phase inductive voltage transformers	
65	IEC 62590 Edition 1.0 (2010-06)		Railway applications - Fixed installations - Electronic power converters for substations	

参考資料2-2 鉄道関連 ISO 規格一覧表

日本鉄道車輌工業会資料から作成

No	ISO 規格番号	英語規格名称	日本語規格名称	整合化した JIS
TC17 鋼				
1	ISO 1005-1:1994	Railway rolling stock material -- Part 1 : Rough-rolled tyres for tractive and trailing stock -- Technical delivery conditions	鉄道車両用材料―第1部：けん引及び被けん引車両用粗圧延タイヤー技術的出荷条件	JIS E 5401-1:1998 鉄道車両用炭素鋼タイヤー品質要求
2	ISO 1005-2:1986	Railway rolling stock material -- Part 2 : Tyres, wheel centres and tyred wheels for tractive and trailing stock -- Dimensional, balancing and assembly requirements	鉄道車両用材料―第2部：けん引及び被けん引車両用タイヤ、車輪中心及びタイヤ付き車輪―品質要求事項車輪―寸法、バランス及び組立要求事項	JIS E 5401-2:1998 鉄道車両用炭素鋼タイヤー輪心及びタイヤ付車輪―寸法、釣合い及び組立の要求事項
3	ISO 1005-3:1982	Railway rolling stock material -- Part 3 : Axles for tractive and trailing stock -- Quality requirements	鉄道車両用材料―第3部：けん引及び被けん引車両用車軸―品質要求事項	JIS E 4502-1 鉄道車両用車軸―品質要求
4	ISO 1005-4:1986	Railway rolling stock material -- Part 4 : Rolled or forged wheel centres for tyred wheels for tractive and trailing stock -- Quality requirements	鉄道車両用材料―第4部：けん引及び被けん引車両用タイヤ付き車輪の圧延又は鍛造車輪―品質要求事項	
5	ISO 1005-6:1994	Railway rolling stock material -- Part 6 : Solid wheels for tractive and trailing stock -- Technical delivery conditions	鉄道車両用材料―第6部：けん引及び被けん引車両用ソリッド車輪―技術的出荷条件	JIS E 5402-1 鉄道車両用――体車輪―第1部：品質要求

6	ISO 1005-7: 1982	Railway rolling stock material -- Part 7: Wheel-sets for tractive and trailing stock -- Quality requirements	鉄道車両用材料―第7部：けん引及び被けん引車両用輪軸―技術的出荷条件	JIS E 4504 鉄道車両用輪軸―品質要求
7	ISO 1005-8: 1986	Railway rolling stock material -- Part 7: Wheel-sets for tractive and trailing stock -- Quality requirements	鉄道車両用材料―第7部：けん引及び被けん引車両用輪軸―技術的出荷条件	JIS E 5402-2 鉄道車両用――体車輪―第2部：寸法要求
8	ISO 1005-9: 1986	Railway rolling stock material -- Part 9: Axles for tractive and trailing stock -- Dimensional requirements	鉄道車両用材料―第9部：けん引及び被けん引車両用車軸―寸法要求事項	JIS E 4502-2 鉄道車両用車軸―寸法要求
9	ISO 5003: 1980	Flat bottom railway rails and special rail sections for switches and crossings of non-treated steel -- Technical delivery requirements	非調質鋼の転てつ器及びクロッシング用平底普通レール及び特殊レール部分	JIS E 1101 普通レール及び分岐器類用特殊レール
10	ISO 5948: 1994	Railway rolling stock material -- Ultrasonic acceptance testing	鉄道車両用材料―超音波探傷法試験	
11	ISO 6305-1: 1981	Railway components -- Technical delivery requirements -- Part 1: Rolled steel fishplates	鉄道用品―技術的出荷条件―第1部：レール用継目板	JIS E 1102 レール用継目板
12	ISO 6305-2: 1983	Railway components -- Technical delivery requirements -- Part 2: Non-alloy carbon steel baseplates	鉄道用品―技術的出荷条件―第2部：非合金炭素鋼基礎板	JIS E 1110 炭素鋼製タイプレート

No	ISO規格番号	英語規格名称	日本語規格名称	整合化したJIS
13	ISO 6305-3: 1983	Railway components -- Technical delivery requirements -- Part 3: Steel sleepers	鉄道用品―技術的出荷条件―第3部：鋼鉄製マクラギ	
14	ISO 6305-4: 1985	Railway components -- Part 4: Untreated steel nuts and bolts and high-strength nuts and bolts for fish-plates and fastenings	鉄道用品―技術的出荷条件―第4部：未処理鋼製ナット及びボルト並びに継目板用及び締結部品用高強度ナット及びボルト	JIS E 1107 継目板用及びレール締結用ボルト・ナット
15	ISO 6933: 1986	Railway rolling stock material -- Magnetic particle acceptance testing	鉄道車両材料用―磁粉探傷法による受入れ試験	

TC43 音響

No	ISO規格番号	英語規格名称	日本語規格名称	整合化したJIS
1	ISO 3095: 2005	Railway applications -- Acoustics -- Measurement of noise emitted by railbound vehicles	鉄道用途―音響―鉄軌道車両から発生する騒音の測定	JIS E 4021 鉄道車両―車内騒音の測定方法
2	ISO 3381: 2005	Railway applications -- Acoustics -- Measurement of noise inside railbound vehicles	鉄道用途―音響―鉄軌道車両内の騒音の測定	JIS E 4025 鉄道車両―車外騒音の測定方法

TC108／SC2 機械・乗物及び構造物の振動・衝撃の測定・評価

No	ISO規格番号	英語規格名称	日本語規格名称	整合化したJIS
1	ISO 10056: 2001	Mechanical vibration -- Measurement and analysis of whole-body vibration to which passengers and crew are exposed in railway vehicles	機械振動―乗客及び乗員が鉄道車両内で受ける全身振動の測定及び分析	
2	ISO 10326-2: 2001	Mechanical vibration -- Laboratory method for evaluating vehicle seat vibration -- Part 2: Application to railway vehicles	機械振動―車両座席振動の試験室評価方法―第2部：鉄道車両への応用	

あとがき

　海外の鉄道プロジェクトの進め方について、筆者の経験した範囲で直面した主な課題について述べた。

　発注側はコンサルタントも含めて、基本設計、入札図書作成において発注者、ドナーおよび相手国政府間の調整を重ねて、最終的なアウトプットを出す。そのため、コンサルタントは、プロジェクトの目的、内容および工期に対応した最適な技術ソリューションを提案して、関係者の合意を得るために多くの努力を払わなければならない。その過程において、コンサルタントが日本および海外の技術についてどこまで知悉しているか、適切な説明を行えるか、的確な文書を作成できるかの能力を有しているかも発注者側から評価される。発注者からの評価が低く、能力なしとみなされれば、直ちに交代を要求される。したがって、発注側コンサルタントの能力開発も課題となっている。発注側コンサルタントは発注者の立場に立って、相手国に役立つプロジェクトを実現するために努めている。

　一方、応札者あるいは請負者側は入札図書および契約書をどのように理解し、適切な文書を作成できるかが問われる。応札者の段階であれば、入札図書の要求事項を満たした入札提案書が作成できなければ、受注できない。請負者となれば、契約書に基づく文書の作成、発注者とのコミュニケーションはさらに重要となる。JVも含めて、請負者を構成する専門家集団の力を如何に引き出すかは、全体のコーディネーターであるプロジェクトマネジャーの力量にかかっている。プロジェクト実行のための組織は、発注者も請負者も欧米式組織原理で運営されるので、全体のおみこしの上にプロジェクトマネジャーが乗っているという図式にはならない。同時に個々の専門家も一人ひとりの専門知識の深さと説明能力が求められる。最終的な目標は発注者の意図に沿ったプロジェクトの完成にある。

　以上述べたように、発注側と請負者側はそれぞれの立場で切磋琢

磨してプロジェクトの完成に努める義務を負っている。同じ日系企業だから日本語で適当にやればいいということにはならない。プロジェクトの設計、施工および検査の過程を通じて発注者、相手国政府およびドナーに対する透明性が要求されるので、公用語である英語で書かれた文書によるコミュニケーションが必須である。

　海外プロジェクトでいくつかの困難に直面している企業もあるが、その原因は日本国内と海外とでビジネスモデルが大きく異なり、事前の検討を十分に行わないで海外に乗り出すことにある。プロジェクト実施に伴い要求される文書の多さ、国内規格と国際規格の相違等々により、多くの躓きがある。ここではいくつかの事例に基づいて、海外プロジェクトに取り組む際の留意点について述べた。本書が日本の鉄道技術の海外展開にいささかでも寄与できることを願っている。

　もちろん、筆者の経験範囲も限られ、紙面の制約もあることから、言葉足らずの面もあることをご容赦願いたい。また、コンサルタントの守秘義務から個々の事例を具体的に紹介できなかったことをお断りしたい。

　最後に、本書執筆のきっかけとなり様々なインスピレーションを得ることができた本書執筆のきっかけとなり様々なインスピレーションを得ることができた様々なプロジェクトでお世話になった方々に、軌道関係の記述について貴重なアドバイスを頂いた元鉄道総研軌道技術研究部長石田誠氏に感謝の意を表したい。

2015年9月28日
佐藤芳彦

索　引

〔欧文・数字〕

AASHTO ······································ *64*
ADB ·· *4, 93*
AIIB ·· *93*
ATACS ·· *175*
ATO ·· *116*
ATO 開放運転 ································ *117*
ATP ·· *116*
ATP 開放運転 ································ *117*
BCC ·· *177*
BOQ ·· *29*
CAD ·· *67*
CBTC ·· *175*
CD ·· *45*
CEN ·· *87*
CENEREC ····································· *87*
CER ··· *87*
DAC ··· *3*
DTO ·· *128*
E & M ··· *13*
EMC 管理計画 ································ *32*
EMC 計画 ······································ *57*
EN ·· *15*
EPC ··· *24*
EPC 契約 ······································· *33*
ERTMS ·· *174*
ETCS ··· *175*
FIDIC ······································ *24, 40*
FMS ·· *166*
GC ··· *9*
GSM-R ·································· *180, 195*
IEC ··· *63*
IEEE ·· *15*
IGBT ··· *157*
IRIS ··· *88*
IRIS 認証 ······································· *88*
ISO ··· *63*
JIS ·· *63*
JRTC ··· *175*
JV ··· *21*
LRT ·· *16, 30*
LVT ·· *144*
NFC ·· *180*
NFPA ··· *28*
NONO ·· *43*
NONOC ·· *43*
NOO ·· *43*
NTO ·· *128*
NTP ··· *45*
OD 表 ·· *95*
P/Q ··· *21*
PC まくらぎ ·································· *148*
PC 桁 ·· *146*
PPP ·· *2*
PSD ·· *126*
RAMS 計画 ····································· *32*
SCADA ·· *230*
SCS ··· *167*
SiC ··· *157*
SIL 4 ··· *130*
STEP ·· *6, 91*
STO ·· *128*
STRASYA ······································ *72*
TBT 協定 ······································· *84*
TETRA ·· *180*
TOS ·· *128*
UNIFE ·· *87*
UPS ·· *172*
UTO ·· *130*
U 形桁 ··· *146*
VVVF（Variable Voltage Variable Fre-

quency）インバーター …………… *156*

〔ア行〕

アジアインフラ投資銀行 …………… *93*
アジア開発銀行 ……………………… *93*
後引き上げ …………………………… *136*
アベイラビリティ …………………… *191*
安全計画 ……………………………… *57*
安全性証明 …………………………… *86*
安全度水準 …………………………… *130*
イエローブック …………………… *24, 40*
異議通告 ……………………………… *43*
異議なし通告 ………………………… *43*
意見付異議なし通告 ………………… *43*
移動架線 ……………………………… *212*
一次サスペンション ………………… *155*
一般要求事項 ……………………… *31, 32*
インターフェース …………………… *28*
インターフェース管理計画 ………… *52*
インターフェースマトリックス …… *33*
インフラ管理者 ……………………… *38*
請負者 ………………………………… *24*
請負者プロジェクト管理計画 ……… *50*
運賃水準 ……………………………… *20*
運転規制 ……………………………… *121*
永久磁石電動機 ……………………… *157*
エンジニア …………………………… *24*
オクトパス …………………………… *181*

〔カ行〕

回生電力 ……………………………… *115*
開発援助委員会 ……………………… *3*
概略設計 ……………………………… *17*
価格分析 ……………………………… *50*
確認（Validation） ………………… *64*
稼働率 ………………………………… *191*
環境影響評価 ………………………… *20*
環境条件等級 ………………………… *66*
完成管理計画 ………………………… *59*

完成期日 ……………………………… *29*
官民パートナーシップ ……………… *2*
緩和曲線 ……………………………… *25*
帰線電流 ……………………………… *170*
偽造防止対策 ………………………… *182*
基礎限界 ……………………………… *74*
期待粘着係数 ………………………… *105*
き電変電所 ……………………… *113, 172*
軌道回路 ……………………………… *173*
軌道中心間隔 …………………… *25, 81*
教育訓練計画 ………………………… *69*
狭軌 …………………………………… *73*
空気式 ………………………………… *152*
空気ブレーキ ………………………… *158*
クリティカルパス分析 ……………… *67*
軽快鉄道 ……………………………… *30*
計画転削 ……………………………… *204*
形態管理 ……………………………… *54*
限界拡幅量 …………………………… *81*
検証（Verification） ………………… *64*
建設工事標準請負契約約款 ………… *21*
建築限界 ……………………………… *25*
高圧配電線 …………………………… *115*
広軌 …………………………………… *73*
工区割 ………………………………… *29*
交―交セクション …………………… *83*
交差支障 ……………………………… *102*
更新修繕 ……………………………… *204*
構成管理 ……………………………… *54*
合成まくらぎ ………………………… *148*
剛体架線 ……………………………… *166*
交通安全環境研究所 ………………… *91*
交付材 ………………………………… *37*
合弁事業 ……………………………… *21*
ゴールドブック ……………………… *24*
国際コンサルタントエンジニアリング連盟 …………………………………… *24*
国際鉄道工業標準 …………………… *88*
国際電気標準委員会 ………………… *63*

国際標準機構 ……………………… *63*
国土交通省令 ……………………… *28*
故障の木分析 ……………………… *196*
故障モードおよび効果分析 ………… *196*
コスト見積 …………………… *20, 29*
個別要求事項 ………………… *31, 34*
ゴムタイヤ式都市交通システム …… *16*
ゴムタイヤ式中量輸送システム VAL
　……………………………………… *126*
コンクリート直結軌道 ……………… *141*
混雑率 ………………………………… *30*
コンパウンド架線 …………………… *166*

〔サ行〕

最急勾配 ……………………… *25, 81*
最終作業プログラム ………………… *48*
最小運転時隔 ……………… *94, 108*
最小曲線半径 ………………… *25, 81*
作業範囲 ……………………………… *121*
作業プログラム ……………… *28, 48*
試運転線 ……………………………… *217*
ジェネラルコンサルタント …………… *9*
シェリング …………………………… *229*
支給材 ………………………………… *37*
仕業検査 ……………………………… *201*
事業主体 ……………………………… *25*
事後保全 ……………………………… *195*
システムインテグレーション管理計画
　……………………………………… *52*
システムインテグレーター …………… *32*
システム運営計画 …………………… *34*
システム保証計画 …………………… *53*
事前資格審査 ………………………… *21*
自動運転装置 ………………………… *116*
自動列車防護装置 …………………… *116*
島式 …………………………………… *136*
車軸カウンター ……………………… *173*
車端圧縮・引張荷重 ………………… *151*
車両限界 ……………………………… *25*

索　　引　　*265*

車輪転削 ……………………………… *217*
車輪の踏面形状 ……………………… *155*
収支計画 ……………………………… *16*
集中率 ………………………………… *95*
集電レール …………………………… *83*
重保守 ………………………………… *122*
受電変電所 ………………… *113, 171*
需要想定 ……………………………… *16*
償却費 ………………………………… *30*
詳細作業プログラム ………………… *48*
詳細設計 ……………………………… *49*
状態監視保全 ………………………… *195*
冗長系構成 …………………………… *196*
冗長性 ………………………………… *114*
情報のセキュリティ ………………… *117*
消耗品交換 …………………………… *202*
初期作業プログラム ………………… *48*
初期設計 ……………………………… *49*
職務指示書 ………………… *51, 224*
シルバーブック ……………… *24, 40*
新交通システム ……………………… *16*
シンプル架線 ………………………… *166*
新保全体系 …………………………… *198*
信頼性志向保全 ……………………… *196*
進路 …………………………………… *116*
垂直移動 …………………… *136, 188*
数量表 ………………………………… *29*
スクリュー式 ………………………… *158*
スクロール式 ………………………… *158*
スタンドアローン …………………… *118*
図面管理 ……………………………… *56*
スラブ軌道 …………………………… *138*
製造資格認定 ………………………… *90*
製造方案 ……………………………… *90*
性能要求 ……………………………… *31*
セーフティケース …………………… *86*
世界銀行 ……………………………… *93*
施工管理計画 ………………………… *59*
施工・敷設設計 ……………………… *49*

是正保全······195
設計確認······86
設計基準······25
設計条件······62
設計、調達および製造計画······58
接触電位······170
全般検査······200
前方避難······120
相対式······136
操舵台車······155
側方避難······120
ソフトウエア品質保証計画······58

〔タ行〕

ターンキー······24
待機予備······114
第三軌条······78
第二縮小限界······75
タイプA······180
タイプC······180
タイプB······180
立席定員······109
縦曲線······25
段階検査方式······198
単線並列······135
着手開始期日······29
着手命令······45
直通運転······17
ツインシンプルカテナリー······167
通勤電車設計通則······149
通行方向······72
定期検査方式······198
適合表······60
鉄道構造物等設計標準······64
デポジット······183
電気式······152
電気設備に関する技術基準を定める省令······145
電気電子技術者協会······63

電気ブレーキ······158
電気方式······25, 83
転削盤······204
電車線破断······115
電流フローシミュレーション······166
動員プログラム······44
同期電動機······156
動的挙動範囲······77
等電位接地······170
盗難防止対策······153
動力車操縦免許······123
トークン······181
ドレスデン協定······85

〔ナ行〕

二次サスペンション······155
日本工業標準······63
入札公告······35
入札時資格審査······21
入札提案書······35
入札図書······21
認証管理計画······53
認証機関······86
認証専門機関······50
粘着性能······108

〔ハ行〕

ハーフハイト······186
ハザード分析······32
波状摩耗······169, 229
発注者······24
発注者図面······31
発注者代理人······25
発注仕様書······37
初物検査······65
バラスト軌道······138
パンタグラフ折畳高さ······74
パンダリズム······153
避難通路······120

標準軌·····73
標準契約約款·····24
表定速度·····95
品質計画·····54
品質手続き·····56
品質マニュアル·····55
ファイルセーフ·····116
フィージビリティ調査·····9, 16
フィーダーメッセンジャー架線·····166
フェイルセーフ構成·····196
フェリカ·····180
不正乗車防止対策·····183
普通鉄道·····16
ビッグスリー·····87
プリンス (Plinth) 軌道·····144
フルハイト·····186
プログラム·····45
プロジェクト管理計画·····50
プロジェクト管理ソフトウエア·····48
プロジェクト品質計画·····55
平均駅間距離·····94
平均乗車人員·····101
米国規格·····15
米国高速道路規格·····64
補遺·····31, 35
防災計画·····10, 25
防塵等級·····66
保守契約付車両調達·····224
保守付き車両リース·····192
補正式·····78
ボルスター台車·····155
ボルスターレス台車·····154
ホワイトブック·····24
本邦技術活用条件·····91

〔マ行〕

マイフェア·····180
無停電装置·····173
モデルレール·····229

モノレール·····16

〔ヤ行〕

夜間留置·····122
誘導電動機·····156
用地買収·····20
要部検査·····200
ヨーロッパ開発銀行·····93
ヨーロッパ規格·····15, 87
ヨーロッパ鉄道およびインフラ事業者連合体·····87
ヨーロッパ鉄道工業会·····87
ヨーロッパ鉄道庁·····87
ヨーロッパ鉄道輸送管理システム·····174
ヨーロッパ電気標準化委員会·····87
ヨーロッパ標準化委員会·····87
予備車·····102, 222
予備品·····222
予備品振替方式·····222
予防保全·····195

〔ラ行〕

ラダー軌道·····144
利害相反·····9
留置線·····209
旅客流動·····98
臨時検査·····200, 204
レール頭面削正·····229
レシプロ式·····158
列車運行事業者·····39
列車間隔制御·····117
列車検査·····201
レッドブック·····24
漏えい電流·····144, 170
漏えい電流監視装置·····145, 170
漏えい電流吸収マット·····145, 170
路線選定·····16

〔ワ〕

輪重測定……………………………215

輪重のアンバランス…………155, 215
ワンマン運転…………………………123

「交通ブックス」の刊行にあたって

　私たちの生活の中で交通は，大昔から人や物の移動手段として，重要な地位を占めてきました。交通の発達の歴史が即人類の発達の歴史であるともいえます。交通の発達によって人々の交流が深まり，産業が飛躍的に発展し，文化が地球規模で花開くようになっています。

　交通は長い歴史を持っていますが，特にこの 200 年の間に著しく発達し，新しい交通手段も次々に登場しています。今や私たちの生活にとって，電気や水道が不可欠であるのと同様に，鉄道やバス，船舶，航空機といった交通機関は，必要欠くべからざるものになっています。

　公益財団法人交通研究協会では，このように私たちの生活と深い関わりを持つ交通について少しでも理解を深めていただくために，陸海空のあらゆる分野からテーマを選び，「交通ブックス」として，さしあたり全 100 巻のシリーズを，（株）成山堂書店を発売元として刊行することにしました。

　このシリーズは，高校生や大学生や一般の人に，歴史，文学，技術などの領域を問わず，さまざまな交通に関する知識や情報をわかりやすく提供することを目指しています。このため，専門家だけでなく，広くアマチュアの方までを含めて，それぞれのテーマについて最も適任と思われる方々に執筆をお願いしました。テーマによっては少し専門的な内容のものもありますが，できるだけかみくだいた表現をとり，豊富に写真や図を入れましたので，予備知識のない人にも興味を持っていただけるものと思います。

　本シリーズによって，ひとりでも多くの人が交通のことについて理解を深めてくだされば幸いです。

　　　　　　　　　　　　　　　　　　　公益財団法人　交通研究協会
　　　　　　　　　　　　　　　　　　　　　理事長　加藤　書久

「交通ブックス」企画編集委員

委員長　住田　正二　(元東日本旅客鉄道(株)社長)
　　　　加藤　書久　(交通研究協会理事長)
　　　　住田　親治　(交通研究協会理事)
　　　　青木　栄一　(東京学芸大学名誉教授)
　　　　安達　裕之　(日本海事史学会会長)
　　　　佐藤　芳彦　((株)サトーレイルウェイリサーチ代表取締役)
　　　　野間　　恒　(海事史家)
　　　　橋本　昌史　((公財) 東京タクシーセンター評議員会議長)
　　　　平田　正治　(元航空管制官)
　　　　和久田康雄　(鉄道史学会会員)
　　　　小川　典子　(成山堂書店社長)

(平成 27 年 5 月)

著者略歴

佐藤芳彦（さとう よしひこ）

1945（昭和20）年生まれ、1971（昭和46）年東京工業大学大学院修士課程修了、同年日本国有鉄道入社後、車両設計および保守計画に従事、そのうち1990-1995年JRパリ事務所勤務、2005年海外鉄道技術協力協会常理事、2008年サトーレイルウェイリサーチ代表取締役、インド、ベトナムおよびインドネシアの鉄道建設プロジェクトに従事、主な著作として「新幹線テクノロジー」、「通勤電車テクノロジー」(以上、山海堂)、「世界の高速鉄道」(グランプリ出版)、「図解TGVvs.新幹線」(講談社)、「世界の通勤電車」、「空港と鉄道」(以上、成山堂書店)

交通ブックス126

海外鉄道プロジェクト
―技術輸出の現状と課題―

定価はカバーに表示してあります。

平成27年10月28日　初版発行　　　　　　　　©2015

著　者	佐藤芳彦
発行者	公益財団法人交通研究協会
	理事長　加藤書久
印　刷	亜細亜印刷株式会社
製　本	株式会社難波製本

発売元　株式会社 成山堂書店

〒160-0012　東京都新宿区南元町4番51　成山堂ビル
TEL：03(3357)5861　FAX：03(3357)5867
URL http://www.seizando.co.jp
落丁・乱丁本はお取り換えいたしますので、小社営業チーム宛にお送り下さい。

©2015　Yoshihiko Sato
Printed in Japan　　　　　　　　ISBN978-4-425-76251-4

陸海空の交通がよくわかるシリーズ

交通ブックス

各巻四六判・定価 本体1500円（★1600円・☆1800円）＋税

【陸上交通】
- ☆ 103 新訂 鉄道線路のはなし
- 　 105 特殊鉄道とロープウェイ　生方良雄【品切】
- 　 107 時刻表百年のあゆみ　三宅俊彦
- 　 108 やさしい鉄道の法規 JRと私鉄の実例　和久田康雄
- 　 109 新 幹 線 高速大量輸送のしくみ　海老原浩一【品切】
- 　 110 現代のトラック産業　カーゴニュース編【品切】
- 　 111 路 面 電 車 ライトレールをめざして　和久田康雄【品切】
- 　 112 本州四国連絡橋のはなし 長大橋を架ける　藤川寛之
- 　 113 ミニ新幹線誕生物語 在来線との直通運転　ミニ新幹線執筆グループ
- 　 115 空 港 と 鉄 道 アクセスの向上をめざして　佐藤芳彦
- ★ 116 列車ダイヤと運行管理 (改訂版)　列車ダイヤ研究会
- ★ 117 蒸気機関車の技術史　齋藤 晃
- ☆ 118 電車のはなし 誕生から最新技術まで　宮田道一・守谷之男
- ☆ 119 LRT 次世代型路面電車とまちづくり　宇都宮浄人・服部重敬
- ★ 120 進化する東京駅 街づくりからエキナカ開発まで　野﨑哲夫
- ☆ 121 日本の内燃動車　湯口 徹
- ☆ 122 弾丸列車計画 東海道新幹線につなぐ革新の構想と技術　地田信也
- ☆ 123 ICカードと自動改札　椎橋章夫
- ☆ 124 電気機関車とディーゼル機関車　石田周二・笠井健次郎
- ☆ 125 駐車学　高田邦道

【海上交通】
- ☆ 204 七つの海を行く 大洋航海のはなし（増補改訂版）　池田宗雄
- 　 206 船舶を変えた先端技術　瀧澤宗人【品切】
- 　 208 新訂 内航客船とカーフェリー　池田良穂
- 　 211 青函連絡船 洞爺丸転覆の謎　田中正吾
- 　 212 日本の港の歴史 その現実と課題　小林照夫
- 　 213 海難の世界史　大内建二【品切】
- 　 214 現代の海賊 ビジネス化する無法社会　土井全二郎
- ☆ 215 海を守る 海上保安庁 巡視船（改訂版）　邊見正和
- 　 216 現代の内航海運　鈴木 暁・古賀昭弘
- ☆ 217 タイタニックから飛鳥Ⅱへ 客船からクルーズ船への歴史　竹野弘之
- ☆ 218 世界の砕氷船　赤井謙一
- ☆ 219 北前船の近代史 海の豪商たちが遺したもの　中西 聡

【航空交通】
- 　 302 日本のエアライン事始　平木國夫
- ★ 303 航空管制のはなし（七訂版）　中野秀夫
- 　 304 日本の航空機事故90年　大内建二
- 　 305 ハイジャックとの戦い 安全運航をめざして　稲坂硬一
- ★ 306 航空図のはなし　太田 弘
- ★ 307 空港のはなし（改訂版）　岩見宣治・渡邉正己
- ☆ 308 飛行船の歴史と技術　牧野光雄
- ☆ 309 航空の時代を拓いた男たち　鈴木五郎